Praxishandbuch Retention Management und DSGVO mit SAP® ILM

Cihan Kaya

Willkommen bei Espresso Tutorials!

Unser Ziel ist es, SAP-Wissen wie einen Espresso zu servieren: Auf das Wesentliche verdichtete Informationen anstelle langatmiger Kompendien – für ein effektives Lernen an konkreten Fallbeispielen. Viele unserer Bücher enthalten zusätzlich Videos, mit denen Sie Schritt für Schritt die vermittelten Inhalte nachvollziehen können. Besuchen Sie unseren YouTube-Kanal mit einer umfangreichen Auswahl frei zugänglicher Videos:

https://www.youtube.com/user/EspressoTutorials.

Kennen Sie schon unser Forum? Hier erhalten Sie stets aktuelle Informationen zu Entwicklungen der SAP-Software, Hilfe zu Ihren Fragen und die Gelegenheit, mit anderen Anwendern zu diskutieren:

http://www.fico-forum.de.

Eine Auswahl weiterer Bücher von Espresso Tutorials:

- Andreas Schuster:
  Praxishandbuch SAP® HANA – Administration
  http://5265.espresso-tutorials.de
- Andreas Unkelbach:
  SAP S/4HANA® Migration Cockpit – Datenmigration mit LTMC und LTMOM *http://5318.espresso-tutorials.de*
- Sebastian Brunner, Martin Munzel, Philipp Reichhardt:
  Schnelleinstieg in SAP S/4HANA®
  http://5341.espresso-tutorials.de
- Martin Kipka:
  SAP® Activate – Agilität in SAP®-Implementierungsprojekten
  http://5378.espresso-tutorials.de
- Cihan Kaya:
  Datenarchivierung in SAP®
  https://es-tu.de/QpEu1
- Manfred Sprenger:
  Praxishandbuch SAP®-Basis – Troubleshooting in der Systemadministration
  http://5417.espresso-tutorials.de

Qualifizieren Sie Ihre Mitarbeiter

ohne Reisekosten und externe Referenten

- 800+ E-Books und Videos in den Sprachen DE, EN, FR, PT, JP, ES
- Über 40 Lernpfade erleichtern die Einarbeitung in neue SAP-Themen
- Laufende Aktualisierung mit neuen Inhalten
- Zugang via Webbrowser oder App (iOS/Android)
- Staffelpreise ab 5 Lizenzen

Die Lernplattform:
https://et.training

7-Tage-Testzugang kostenfrei und unverbindlich:
https://et.training/testzugang

Individuelles Angebot für Firmen:
https://www.espresso-tutorials.de/firmenkunden/

Bibliografische Information der Deutschen Nationalbibliothek
Die Deutsche Nationalbibliothek verzeichnet diese Publikation in der Deutschen Nationalbibliografie; detaillierte bibliografische Daten sind im Internet über https://portal.dnb.de abrufbar.

Cihan Kaya, Koautor: Birol Ince
Praxishandbuch Retention Management und DSGVO mit SAP® ILM

ISBN: 978-3-960122-23-4

Lektorat: Bernhard Edlmann

Korrektorat: Die Korrekturstube

Coverdesign: Philip Esch

Coverfoto: iStockphoto.com | Yevhen Lahunov Nr. 1398842727

Satz & Layout: Johann-Christian Hanke

1. Auflage 2024

URL: *www.espresso-tutorials.de*

Feedback:
Wir freuen uns über Fragen und Anmerkungen jeglicher Art. Bitte senden Sie diese an: *info@espresso-tutorials.com*.

Inhaltsverzeichnis

Vorwort

Oft denkt man in Unternehmen erst in dem Moment über die Einhaltung der EU-Datenschutz-Grundverordnung (EU-DSGVO) nach, wenn es sozusagen »knallt«. Meldungen über Verstöße gegen Bestimmungen dieser Richtlinie zur Handhabung personenbezogener Daten werden immer häufiger. Wir hoffen, dass Ihr Interesse an diesem Buch nicht aufgrund eines solchen Fauxpas entstand und Sie sich vielmehr deswegen dem Thema widmen, weil Sie den gesetzlichen Anforderungen entsprechen möchten, bevor Sie mit Bußgeldern belegt werden.

Neben der reibungslosen Integration betriebswirtschaftlicher Prozesse in die technischen Abläufe ist für SAP-Kunden seit Einführung der DSGVO insbesondere der Umgang mit personenbezogenen Daten von großer Bedeutung. Daten als Ressource gewinnen stetig an Wert. Um sie innerhalb des Systems gemäß den Richtlinien der DSGVO zu verwalten und ohne Risiken zu nutzen, ist die Einführung des SAP Information Lifecycle Management (ILM) dringend ratsam. SAP ILM bietet Ihnen mit verschiedenen Werkzeugen und Funktionen eine umfassende Lösung zur richtigen Handhabung personenbezogener Daten an, indem die Daten im Laufe ihres Lebenszyklus mithilfe der Funktionen rechtskonform behandelt werden.

Sie haben wahrscheinlich nach diesem Buch gegriffen, weil Sie vor der herausfordernden Aufgabe stehen, die DSGVO in Ihrem SAP-System umzusetzen. Die folgenden Seiten sollen Ihnen zu einem schnellen Einstieg in das Retention Management und der Erfüllung der DSGVO in SAP-Systemen verhelfen. Wir möchten Ihnen mit diesem Buch einen guten Überblick über die wichtigsten Themen im Bereich von SAP ILM geben und richten uns an alle Leser, die sich Expertenwissen aneignen möchten.

Als Berater beschäftigen wir uns intensiv mit dieser anspruchsvollen Aufgabe und möchten unser Wissen zu SAP ILM sowie zu neuen Technologien in der Datenarchivierung mit Ihnen teilen. Mit diesem Buch möchten wir Ihnen die technische, fachliche und rechtliche Relevanz von SAP ILM näherbringen. Wir führen Sie durch die einschlägigen Prozesse und zeigen Ihnen, wie auch Sie ein entsprechendes ILM-Projekt erfolgreich meistern können.

Sie lernen in diesem Buch, was es mit der DSGVO auf sich hat und wie diese den Betrieb eines SAP-Systems beeinflusst, sofern die Verordnung auf das jeweilige System anwendbar ist. Wir machen Sie mit den Funktionen von SAP ILM vertraut. Insbesondere erklären wir Ihnen, wie das Retention Management aufgebaut ist und wie Sie es verwenden können. Sie erfahren zudem, wie das Sperren von Daten in SAP funktioniert und wie Sie im Bereich der Datenvernichtung agieren können. Wir runden zum Ende dieses Buches die gesetzlichen, technischen und fachlichen Inhalte ab, indem wir beschreiben, wie die Strategie und Planung Ihres Projekts in diesem Rahmen erfolgen kann, und teilen Beratungsansätze mit Ihnen.

An dieser Stelle möchten wir uns beim internationalen Marktführer für SAP-Datenarchivierung und SAP ILM bedanken: bei AHMETTUERK/ IT AND STRATEGY CONSULTING und hier insbesondere bei unserem Mentor Ahmet Türk, der uns die Gelegenheit gegeben hat, in die Welt von SAP ILM mit all ihren Besonderheiten einzutauchen. Wir möchten dem Bestsellerautor im Bereich von SAP ILM für den langjährigen Wissenstransfer und die Zusammenarbeit in zahlreichen Projekten bei namhaften Kunden danken.

Wir schätzen auch die großartige Kooperation mit Espresso Tutorials und sind sehr dankbar für die Möglichkeit, dieses Buch zu verfassen.

Ihnen, liebe Leserinnen und Leser, wünschen wir viel Freude beim Lesen und freuen uns darauf, von Ihren Erfahrungen bei der Anwendung unserer Lösungsansätze zu hören.

In den Text sind Kästen eingefügt, um wichtige Informationen besonders hervorzuheben. Jeder Kasten ist zusätzlich mit einem Piktogramm versehen, das diesen genauer klassifiziert:

Hinweis

Hinweise bieten praktische Tipps zum Umgang mit dem jeweiligen Thema.

! Achtung

Warnungen weisen auf mögliche Fehlerquellen oder Stolpersteine im Zusammenhang mit einem Thema hin.

Die Form der Anrede

Um den Lesefluss nicht zu beeinträchtigen, verwenden wir im vorliegenden Buch bei personenbezogenen Substantiven und Pronomen zwar nur die gewohnte männliche Sprachform, meinen aber gleichermaßen Personen weiblichen und diversen Geschlechts.

Hinweis zum Urheberrecht

Sämtliche in diesem Buch abgedruckten Screenshots unterliegen dem Copyright der SAP SE. Alle Rechte an den Screenshots hält die SAP SE. Der Einfachheit halber haben wir im Rest des Buches darauf verzichtet, dies unter jedem Screenshot gesondert auszuweisen.

1 Einleitung

Das Retention Management mit SAP Information Lifecycle Management (ILM) unter Berücksichtigung der DSGVO ist ein komplexes Themengebiet. Die gesetzlichen Anforderungen machen das Retention Management zu einer Pflicht in jedem SAP-System, das die DSGVO zu erfüllen hat. In diesem ersten Kapitel dieses Buches bieten wir Ihnen einen einführenden Überblick über die Gesetzeslage und die Pflichten zur Handhabung von Daten.

Jede Sekunde werden mithilfe von SAP-Systemen unzählige Daten in verschiedensten Formen erzeugt, verarbeitet, archiviert oder vernichtet bzw. gelöscht. Die exponentielle Entwicklung des Datenaufkommens zeigt die ständig wachsende Bedeutung von Daten als Ressource für Unternehmen in der heutigen Zeit. Das Datenmanagement erhält aufgrund dieser Bedeutung immer mehr Aufmerksamkeit.

Die für die meisten Unternehmen kritischsten gesammelten und verarbeiteten Daten sind personenbezogene Daten. Diese müssen mit einer besonderen Sorgfalt behandelt werden, da sie nicht nur einen hohen Stellenwert für das Unternehmen haben, sondern auch gesetzlichen Regulierungen unterliegen. In diesem Buch beziehen wir uns in manchen Abschnitten exemplarisch auf die deutsche Rechtslage. Sofern der Begriff Bundesdatenschutzgesetz verwendet wird, ist die Rede von dem deutschen Bundesdatenschutzgesetz. Im Jahre 2016 wurde die Datenschutz-Grundverordnung *(DSGVO)* beschlossen, um das Verantwortungsbewusstsein beim Umgang mit personenbezogenen Daten zu stärken. Bis dahin unterlag eine fehlerhafte Handhabung von personenbezogenen Daten nach der alten Fassung des *Bundesdatenschutzgesetzes* (BDSG) milderen Strafen. Mit den neuen Vorschriften der DSGVO wurde die Sorgfaltspflicht in diesem Bereich stark verschärft. Für den Schutz der Daten von Privatpersonen müssen von Unternehmen gesammelte Daten in ihren Geschäftsprozessen so aufgenommen und verarbeitet werden, dass die Rechte von natürlichen Personen nicht verletzt werden.

Mit den Einschränkungen, welche die DSGVO mit sich bringt, verändert sich insbesondere das Datenmanagement in IT-Systemen. Zur Erfüllung der gesetzlichen Anforderungen hat die SAP mit dem *Information Lifecycle Management* (ILM) einen Lösungsansatz bereitgestellt. SAP ILM wurde zur Verwaltung von Daten während ihres Lebenszyklus entwickelt. Es ist heute gut dafür geeignet, um den Rahmen der Vorschriften innerhalb von SAP-Systemen für den DSGVO-konformen Betrieb einzuhalten.

Die Anforderung, gesetzlichen Vorgaben zu genügen, führte zu einer dynamischen Entwicklung bei SAP ILM. Der Bedarf an dieser Lösung nahm in den letzten Jahren stark zu. Neben betriebswirtschaftlichen, technischen sowie gesetzlichen Faktoren spielte dabei auch der Wunsch nach Harmonisierung von Systemlandschaften und Minderung von Systembelastungen eine Rolle. Die automatisierte Verwaltung der Daten während ihres gesamten Lebenszyklus, von der Erstellung bis zur Sperrung und letztendlichen Löschung, erhöht die Effizienz in der Datenverwaltung. Das ILM ermöglicht es auch, Daten zu archivieren, sofern sie für die aktive Nutzung nicht mehr benötigt werden.

Mit Inkrafttreten der DSGVO sind konsequentere Maßnahmen zur Datenverwaltung und -kontrolle einzusetzen. Die Aufbewahrung und Vernichtung von Daten in multiplen Systemen und verschiedenen Ländern erschwert ein gesetzeskonformes Datenmanagement. Aus diesem Grund sind die Sperrung, die Archivierung oder die Löschung von Daten eine kritische Aufgabe des Datenmanagements. Durch die Archivierung werden die Daten vom System separiert, und das Datenbankvolumen wird reduziert. Die Struktur sowie die Anwendungsbereiche des ILM sind aus Abbildung 1.1 ersichtlich.

SAP ILM basiert auf der SAP-Datenarchivierung und ist eine Erweiterung der bestehenden Archivierungsprozesse in einer weiterentwickelten Form. Die Lösung baut auf drei primären Komponenten auf, auch als »drei Säulen des SAP ILM« bezeichnet. Auf die genauen Eigenschaften und Funktionen dieser Säulen gehen wir in Abschnitt 2.3 näher ein.

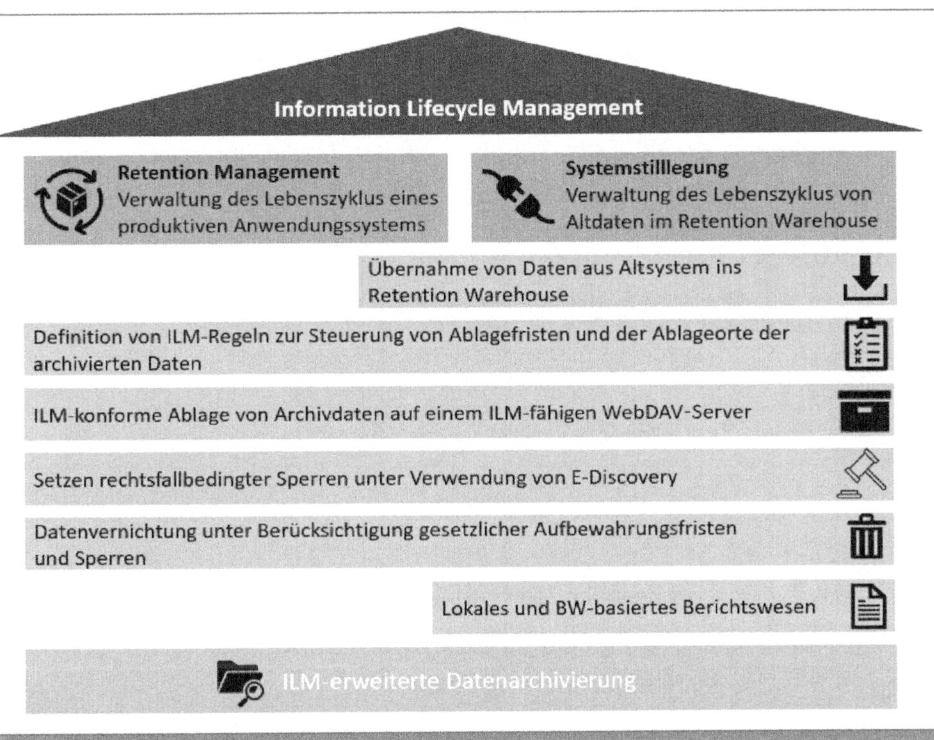

Abbildung 1.1: SAP ILM – Funktionen

1.1 Europäische Datenschutz-Grundverordnung

Die Datenschutz-Grundverordnung (DSGVO) bzw. *General Data Protection Regulation* (GDPR) wurde am 14. April 2016 im EU-Parlament verabschiedet. Gleichzeitig erging damit die Aufforderung an die EU-Länder, ihre bisherigen nationalen Gesetzgebungen an die DSGVO anzupassen. Infolgedessen wurde das Bundesdatenschutzgesetz am 27. April 2017 überarbeitet. Am 25. Mai 2018 trat zwei Jahre nach ihrem Beschluss die europäische Datenschutz-Grundverordnung schließlich in Kraft.

Die DSGVO bildet den datenschutzrechtlichen Rahmen der Europäischen Union ab, weshalb nun auch Unternehmen ihre Geschäftsabläufe in Übereinstimmung mit diesen Richtlinien konzipieren müssen. Für sehr viele Unternehmen stellt dies ein großes Risiko dar, denn bei einem Verstoß gegen die Vorschriften können Bußgelder in Höhe von bis zu vier Prozent des eigenen (weltweiten) Jahresumsatzes erhoben werden. In Tabelle 1.1 sind einige wichtige allgemeine Artikel der DSGVO tabellarisch dargestellt.

Quelle	Inhalt
DSGVO Kapitel 1, Art. 1	Diese Verordnung enthält Vorschriften zum Schutz natürlicher Personen bei der Verarbeitung personenbezogener Daten und zum freien Verkehr solcher Daten. Diese Verordnung schützt die Grundrechte und Grundfreiheiten natürlicher Personen und insbesondere deren Recht auf Schutz personenbezogener Daten [...].
DSGVO Kapitel 2, Art. 5	Personenbezogene Daten müssen auf rechtmäßige Weise, nach Treu und Glauben und in einer für die betroffene Person nachvollziehbaren Weise verarbeitet werden (»Rechtmäßigkeit, Verarbeitung nach Treu und Glauben, Transparenz«) [...].
DSGVO Kapitel 2, Art. 6	Die Verarbeitung ist nur rechtmäßig, wenn mindestens eine der nachstehenden Bedingungen erfüllt ist: Die betroffene Person hat ihre Einwilligung zu der Verarbeitung der sie betreffenden personenbezogenen Daten für einen oder mehrere bestimmte Zwecke gegeben [...].
DSGVO Kapitel 2, Art. 7	Beruht die Verarbeitung auf einer Einwilligung, muss der Verantwortliche nachweisen können, dass die betroffene Person in die Verarbeitung ihrer personenbezogenen Daten eingewilligt hat [...].

Quelle	Inhalt
DSGVO Kapitel 3, Art. 17	Die betroffene Person hat das Recht, von dem Verantwortlichen zu verlangen, dass sie betreffende personenbezogene Daten unverzüglich gelöscht werden, und der Verantwortliche ist verpflichtet, personenbezogene Daten unverzüglich zu löschen, sofern einer der folgenden Gründe zutrifft: Die personenbezogenen Daten sind für die Zwecke, für die sie erhoben oder auf sonstige Weise verarbeitet wurden, nicht mehr notwendig [...].
DSGVO Kapitel 5, Art. 44	Jedwede Übermittlung personenbezogener Daten, die bereits verarbeitet werden oder nach ihrer Übermittlung an ein Drittland oder eine internationale Organisation verarbeitet werden sollen, ist nur zulässig, wenn der Verantwortliche und der Auftragsverarbeiter die in diesem Kapitel niedergelegten Bedingungen einhalten und auch die sonstigen Bestimmungen dieser Verordnung eingehalten werden [...].

Tabelle 1.1: Wichtige DSGVO-Artikel

1.1.1 Rechte betroffener Personen

Nach der DSGVO ist die Verarbeitung von personenbezogenen Daten untersagt, wenn hierfür keine (rechts-)gültige Begründung vorliegt. Gründe, die eine Verarbeitung erlauben, sind der Abschluss eines gültigen Vertrags, rechtliche Anliegen, die eine Verarbeitung erfordern oder zulassen, und die Einholung der eindeutigen Zustimmung des Betroffenen. Jede natürliche Person hat das Anrecht, dass die sie betreffenden personenbezogenen Daten gelöscht werden, sobald die gesetzlichen Aufbewahrungsfristen abgelaufen sind.

Personenbezogene Daten sind Informationen, die es ermöglichen, eine natürliche Person zu identifizieren. Gemäß Art. 4 DSGVO gilt eine betroffene Person als identifizierbar, sofern eine Zuordnung des Namens, des Standorts oder besonderer Merkmale erfolgt, die Ausdruck der physischen, physiologischen, genetischen, psychischen, wirtschaftlichen, kulturellen oder sozialen Identität sind. Zum Schutz der Daten müssen diese auf rechtmäßige Weise und auf eine für den Betroffenen verständliche Art und Weise verarbeitet werden. Sie müssen zudem sachlich richtig und auf dem neuesten Stand sein. Falsche Daten sind zu löschen oder zu berichtigen.

Daten dürfen nur für festgelegte, eindeutige und legitime Zwecke erhoben werden. Sie müssen sorgfältig und in einer Weise verarbeitet werden, die eine angemessene Sicherheit gewährleistet. Der Zweck der Verarbeitung muss angemessen sein und die Verarbeitung auf das für die jeweiligen Zwecke notwendige Maß beschränkt werden.

Betroffenen stehen folgende Rechte unter den gesetzlichen Voraussetzungen zu:

- das Recht auf Berichtigung gemäß Art. 16 DSGVO
- das Recht auf Löschung eigener Daten gemäß Art. 17 DSGVO
- das Recht auf Einschränkung der Verarbeitung eigener Daten gemäß Art. 18 DSGVO
- das Recht auf Datenübertragbarkeit gemäß Art. 20 DSGVO
- das Recht auf Widerspruch gemäß Art. 21 DSGVO
- das Auskunftsrecht betroffener Personen gemäß Art. 15 DSGVO

1.1.2 Pflichten betroffener Unternehmen

Die DSGVO gilt für alle Unternehmen, die über einen Sitz in der EU verfügen, sowie zusätzlich für Unternehmen, die mit EU-Bürgern interagieren. Zur Interaktion gehört die Aufnahme, das Verarbeiten oder die Überwachung personenbezogener Daten von natürlichen Personen in der EU. Die Unternehmen sind verpflichtet, in regelmäßigen Abständen entsprechende Stichproben durchzuführen, um das Risiko von Datenlecks zu minimieren und die Einhaltung des datenschutzkonformen Betriebs zu gewährleisten. Die Unternehmen sind gehalten, die Transparenz hinsichtlich personenbezogener Daten zu erhöhen. Den Betroffenen sollen umfangreichere Möglichkeiten geboten werden, sich über die Daten zu informieren, die das jeweilige Unternehmen in seiner Datenbank speichert. Darüber hinaus ist auch die Aufbewahrungsdauer von Bedeutung. Um den Bestimmungen Folge zu leisten, hat jedes Unternehmen die Existenz eines geeigneten Datenschutzkonzepts nachzuweisen, das beschreibt, wo personenbezogene Daten anfallen, wie diese verarbeitet werden und welchen Risiken sie unterliegen. Das Konzept muss durchgehend überwacht, geprüft und den bei gesetzlichen Veränderungen oder Änderungen der eigenen Ziele und Sachlage weiterentwickelt werden. Darüber hinaus sind für Unternehmen im Rahmen der DSGVO die folgenden Maßnahmen besonders relevant:

- Speicherbegrenzung und Planung sowie Umsetzung eines Löschkonzepts gemäß Art. 5 und 17 DSGVO
- Erfüllung von Informationspflichten gegenüber betroffenen Personen gemäß Art. 12 ff. DSGVO
- Beantwortung von Betroffenenanfragen gemäß Art. 15 bis 21 DSGVO
- Das Abschließen von Auftragsverarbeitungsverträgen gemäß Art. 28, 29 DSGVO
- Meldepflicht innerhalb von 72 Stunden bei Datenschutzverstößen gemäß Art. 33, 34 DSGVO

1.1.3 Personenbezogene Daten im SAP-System

Für SAP-Kunden bieten sich durch die Einführung von ILM neue Möglichkeiten für ein professionelles Management von personenbezogenen Daten. Abbildung 1.2 zeigt zur Veranschaulichung einen Screenshot aus der SAP-Transaktion *BP – Anlegen eines Geschäftspartners* samt den zugehörigen Attributen.

Die Felder beinhalten zahlreiche personenbezogene Daten wie VORNAME, NACHNAME, STRAßE/HAUSNUMMER, POSTLEITZAHL/ORT, LAND, POSTFACH.

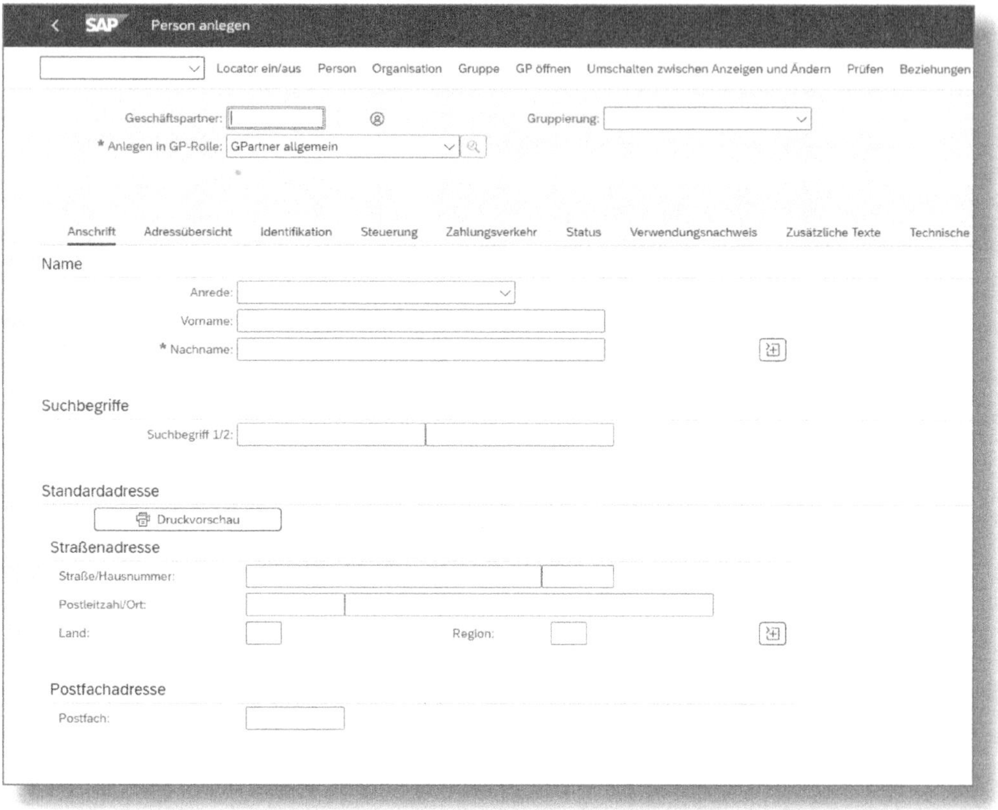

Abbildung 1.2: Personenbezogene Daten im SAP-System

Dies ist nur ein Teil der personenbezogenen Daten, die in einem SAP-System gespeichert sind. In weiteren Feldern oder Reitern befinden sich unter Umständen zusätzliche Daten wie beispielsweise Kontodaten. Bei Durchführung einer richtlinienkonformen Datenarchivierung oder Löschung von Daten müssen alle personenbezogenen Daten identifiziert und berücksichtigt werden.

1.2 Bundesdatenschutzgesetz

Im Grundgesetz für die Bundesrepublik Deutschland sind *Persönlichkeitsrechte* bestimmt. Die *informationelle Selbstbestimmung* gewährt

Personen das Recht, grundsätzlich über die Herausgabe sowie die Verwendung der eigenen personenbezogenen Daten zu entscheiden. Das *Bundesdatenschutzgesetz* umfasst 72 Paragrafen, die in sechs Abschnitte unterteilt sind.

Es handelt sich dabei um eine verbindliche Regelung, die von öffentlichen Stellen des Bundes und der Länder befolgt werden muss, ebenso von privatwirtschaftlichen Unternehmen, die personenbezogene Daten erheben und/oder verarbeiten.

Seit Inkrafttreten der DSGVO orientiert sich der Datenschutz in Deutschland an deren Regelungen und übernimmt die für EU-Mitgliedsstaaten verbindlichen Inhalte. Im Bundesdatenschutzgesetz wurden deswegen die alten Anforderungen an personenbezogene Daten ersetzt bzw. maßgeblich aus der DSGVO übernommen.

1.3 Datenmanagement mit SAP ILM

Die Definition der »Verarbeitung« personenbezogener Daten im Sinne des Datenschutzrechts bezieht sich auf nahezu jegliche Art von deren Handhabung: Das Erzeugen, die Bearbeitung, Nutzung, Bereitstellung sowie das Speichern der Daten fallen allesamt unter diesen Begriff. Aus diesem Grund ist es besonders wichtig, die einzelnen Stadien innerhalb ihres Lebenszyklus korrekt festzustellen und anschließend gemäß den rechtlichen Vorschriften mit SAP ILM zu organisieren.

1.3.1 Lebenszyklus von Daten

Für das inhaltliche Verständnis dieses Buches benötigen Sie ein grundlegendes Wissen zum Lebenszyklus personenbezogener Daten. Die Daten in SAP-Systemen durchlaufen verschiedene Stadien mit jeweils unterschiedlichem Status. ILM steuert diesen Lebenszyklus innerhalb eines SAP-Systems. Damit die Daten alle Stadien erfolgreich durchlaufen, muss ein entsprechendes Datenmanagement angewandt werden. Je nach Anforderung müssen Sie die Daten im Rahmen des SAP ILM entsprechend behandeln. Sie bestimmen, welche personenbezogenen Daten in welchem Zustand in welcher Weise organisiert werden.

Der *Lebenszyklus von personenbezogenen Daten* beginnt mit deren Erzeugen. Sie werden erhoben bzw. erfasst und im SAP-System gespeichert. In der Datenbank werden sie sodann verarbeitet und genutzt. In dieses Stadium gehören das Anpassen, Verändern, Organisieren und Verknüpfen. Im nächsten Stadium werden die Daten durch Offenlegung bereitgestellt. Mit dem Ende der geschäftlichen Nutzung und Entfall des *Verwendungszwecks* erfolgt die Archivierung bzw. Sperre oder Vernichtung der personenbezogenen Daten.

Unabhängig von diesem Regelablauf kommt es zudem vor, dass personenbezogene Daten gesperrt werden müssen. Eine solche Sperrung erfolgt, wenn die Zweckbestimmung der Verwendung abläuft, eine Pflicht zur Aufbewahrung jedoch bestehen bleibt.

Den Ablauf des Lebenszyklus personenbezogener Daten möchten wir Ihnen im Folgenden näherbringen.

Wir gehen zunächst davon aus, dass ein Kunde Ware einkauft und ein entsprechender Vertrag zustande kommt. Dieser Vertrag wird im SAP-System angelegt, anschließend erfolgen die Lieferung und die Zahlung. Bis zur Erfüllung aller vertraglichen Anforderungen ist der Geschäftsprozess aktiv. Erst wenn alle Vertragsgegenstände erfüllt sind, ist der Geschäftsvorfall abgeschlossen.

Für das Verständnis des gesamten Datenlebenszyklus möchten wir Ihnen verschiedene Begrifflichkeiten erläutern.

- *End of Business (EoB):* Dieses tritt ein, wenn beispielsweise ein Geschäftsvorfall abgeschlossen ist. Das EoB bedeutet demnach das Ende der aktiven Datennutzung im betriebswirtschaftlichen Prozess. Die nächste Phase eines Datenlebenszyklus ist die *Verweildauer*.
- *End of Purpose (EoP):* Hierbei handelt es sich um das Ende der Verweildauer. Dieses Stadium tritt ein, sobald die Verarbeitung im Rahmen der Zweckbestimmung abläuft. Dies bedeutet in der Praxis beispielsweise, dass ein Kunde in einem Unternehmen eingekauft hat, der Geschäftsvorfall vollständig abge-

schlossen ist, aber der Kunde zugestimmt hat, dass er nach dem Kauf noch für einen bestimmten Zeitraum für Werbezwecke vermerkt werden darf. Das EoP ist mit Ablauf des bestimmten Zeitraums erreicht. Für den Datenverarbeitenden ist an dieser Stelle der zeitliche Rahmen der Zweckbestimmung abgelaufen.

- *Sperrphase:* Sobald das EoP ebenfalls erreicht ist, tritt unter Umständen die Sperrphase bzw. Sperrfrist ein. Dies ist dann der Fall, wenn die Daten keiner Verarbeitung im Rahmen der Zweckbestimmung unterliegen, allerdings eine Pflicht zur Aufbewahrung ebendieser weiterbesteht. Mit der Sperre bleiben die Daten zwar in der Datenbank enthalten, jedoch kann man nur noch mit entsprechender Berechtigung auf sie zugreifen. Gesperrte Daten können allerdings auch direkt archiviert werden und sind mit entsprechender Berechtigung nur im Archiv zugänglich. Auf diesen Aspekt gehen wir in Abschnitt 1.3.2 nochmals genauer ein.
- Ist die *Aufbewahrungsfrist* abgelaufen, müssen die personenbezogenen Daten vernichtet werden.

Standardmäßig läuft der Lebenszyklus personenbezogener Daten in chronologischer Reihenfolge ab wie erläutert. In Abbildung 1.3 haben wir das Ganze nochmals bildlich dargestellt.

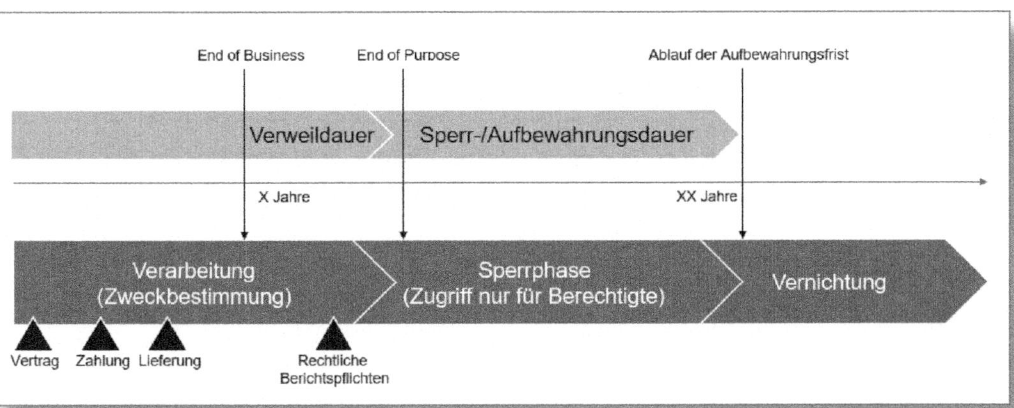

Abbildung 1.3: Lebenszyklus personenbezogener Daten

Es kann aber auch vorkommen, dass Daten aufgrund rechtlicher Vorfälle in einer gesonderten Form gesperrt und aufbewahrt werden müssen. Unter diesen Umständen wird das *Legal Case Management* angewandt. Was das genau ist, erfahren Sie in Abschnitt 2.3.2.

1.3.2 Datensegmentierung

Daten können verschiedener Herkunft sein und sehr unterschiedliche Inhalte haben. Ihr Alter und ihre Verwendung variieren ebenfalls stark. So gibt es einerseits beispielsweise Daten, die lediglich zur Verknüpfung von zwei zusammenhängenden Datenelementen vorgesehen sind. Andererseits gibt es Daten, die sehr genaue Informationen über bestimmte Personen, Organisationen oder Unternehmen darstellen. Sie können sicherlich schnell erkennen, dass die Richtlinien der DSGVO eine unterschiedliche Handhabung solcher Daten fordern.

Nun stellt sich die grundlegende Herausforderung, Daten nach Relevanz bezüglich der DSGVO zu unterscheiden und diese zu sortieren. Mithilfe einer Segmentierung lässt sich auf einfache Weise bestimmen, was mit den jeweiligen Daten geschehen soll. So können die Daten in einzelnen Segmenten hinsichtlich der rechtlichen Anforderungen kategorisiert werden.

Die erste Frage, die man sich in der *Datensegmentierung* stellt, ist, ob die Daten personenbezogene Inhalte aufweisen. Des Weiteren ist zwischen Daten zu unterscheiden, die aus fachlicher Sicht noch in aktiver Verwendung sind, sowie solchen, die den Zweck ihrer Verwendung und Verarbeitung bereits erfüllt haben. Hinzu kommt, dass die Daten zusätzlich gesetzlichen Restriktionen unterliegen können.

Bei der Kategorisierung ist ein Entscheidungsbaum wie in Abbildung 1.4 als Hilfestellung nützlich. Er stellt die Segmentierung der Daten und die Handhabung der jeweiligen Segmente in SAP ILM dar.

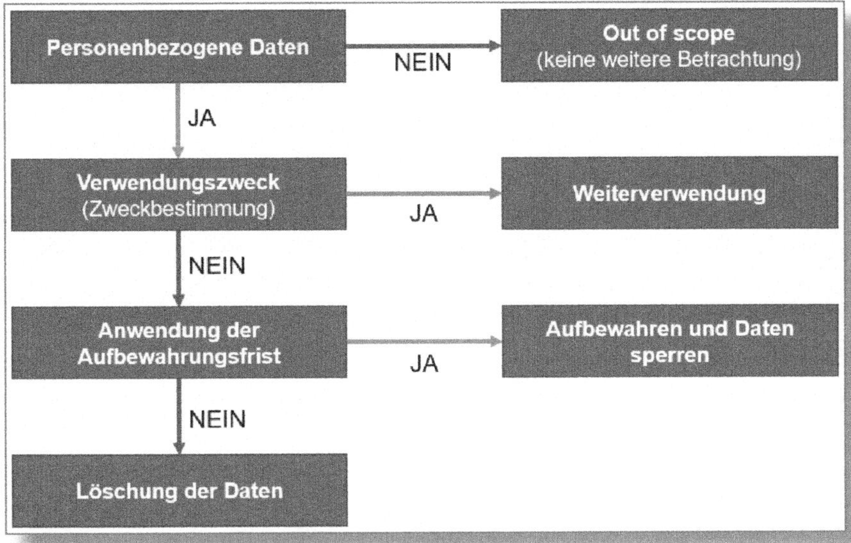

Abbildung 1.4: Entscheidungsbaum zur Datensegmentierung

Der Entscheidungsbaum hilft dabei, die Daten mit maximal drei Fragen der korrekten Kategorie zuzuweisen.

Die Datensegmentierung beginnt, wie bereits erwähnt, mit der Frage danach, ob es sich um personenbezogene Daten handelt. Können Sie dies verneinen, werden die Daten für die Erfüllung der DSGVO-Maßnahmen nicht weiter berücksichtigt und können außer Betracht bleiben. Ist diese Frage hingegen mit einem Ja zu beantworten, geht es zur zweiten Station. An dieser wird bestimmt, ob die Daten im Rahmen der *Zweckbestimmung* noch in aktiver Verwendung sind. Ist dies der Fall und werden sie weiterhin benötigt, können auch sie bei der Ergreifung weiterer Maßnahmen außer Acht gelassen werden.

Sofern die Daten nicht mehr in Verwendung sind, stellt sich die letzte Frage. Hierbei wird festgestellt, ob sie gesetzlichen Aufbewahrungsfristen unterliegen. Sollten die Daten aus gegebenen Gründen aufbewahrt werden müssen, sind sie zu sperren und sicher zu archivieren. Grund der Sperrung ist hier der Ablauf des Verwendungszwecks. Wie wir Ihnen bereits erläutert haben, müssen personenbezogene Daten, die nicht mehr in Verwendung sind, gesperrt werden. Eine Löschung der Daten ist in dem Fall vorgeschrieben, in dem die Daten weder einer weiteren Zweckbestimmung noch einer Aufbewahrungsfrist unterliegen.

Mit diesem Ansatz können Sie eine richtige und übersichtliche Sortierung Ihrer Daten vornehmen. Dokumentieren Sie Ihre Erkenntnisse zu Ihren Daten bzw. deren Kategorien, um eine Vorlage für Ihre Konzeption zur Verfügung zu haben. Wir werden Ihnen in Abschnitt 6.2 genauer erläutern, wie Sie die Konzeption Ihres eigenen Projekts angehen.

2 SAP Information Lifecycle Management

2.1 Klassische Datenarchivierung vs. SAP ILM

Die klassische SAP-Datenarchivierung über das *Archive Development Kit (ADK)* hat sich als Methode zur Archivierung von Daten in SAP-Systemen zur Leistungssteigerung etabliert. Sie erfuhr in den letzten Jahren nur minimale Optimierungen, weshalb das ADK wenig bis kaum verändert wurde. Die Einführung von SAP ILM hat die Handhabung der Daten deutlich verbessert. Letztere können darüber nicht mehr nur archiviert und sicher aus der Datenbank entfernt werden. Vielmehr steht dem Anwender nun eine Verwaltung über ihren ganzen Lebenszyklus zur Verfügung. Aus diesem Grund spricht man bei SAP ILM von einer Erweiterung der SAP-Datenarchivierung, denn die ganzheitliche Lösung bringt verschiedene zusätzliche Funktionen mit sich.

Die Möglichkeiten, die Ihnen SAP ILM bietet, stellt Abbildung 1.1 dar. Abgesehen von der erweiterten Datenarchivierung unterscheidet sich die neue Komponente von der klassischen Datenarchivierung durch die Funktionen des *Retention Management* sowie der *Systemstilllegung*.

Die klassische, auf dem ADK basierende SAP-Datenarchivierung bietet keine Möglichkeit, den gesamten Datenlebenszyklus zu verwalten. Dort können Sie lediglich die *Residenzzeiten* von Daten festlegen und auf diese Weise bestimmen, wann welche Daten aus der Datenbank archiviert werden dürfen. Mit dieser Variante ist es sehr aufwendig, die Anforderungen der DSGVO mit Blick auf personenbezogene Daten zu erfüllen. Mit SAP ILM können Sie hingegen anhand des *Information Retention Manager (IRM)* diese Lücke füllen und die Umsetzung der EU-DSGVO-Maßnahmen automatisieren. So reduzieren Sie den Umfang der anfallenden Aufgaben. Den IRM werden Sie in Abschnitt 3.1 genauer kennenlernen.

Ein weiterer Unterschied von SAP ILM zur klassischen SAP-Datenarchivierung ist das Sperren von Daten. Sie haben im vorherigen Kapitel gelernt, dass personenbezogene Daten nach Ablauf ihres Verwendungszwecks gemäß den Richtlinien der DSGVO gesperrt werden müssen. Während die klassische SAP-Datenarchivierung die Funktion des vereinfachten Sperrens nicht vorhält, ist dies mit SAP ILM kein Problem. Wie Sie Daten sperren, werden wir Ihnen in Kapitel 4 erläutern.

2.1.1 ILM-Objekt (Datenarchivierungs- und Vernichtungsobjekt)

Das *ILM-Objekt* ist der Kern der ILM-erweiterten Datenarchivierung. Es führt, einfach ausgedrückt, zwei Objekte zusammen: das Archivierungsobjekt und das Datenvernichtungsobjekt (siehe Abbildung 2.1).

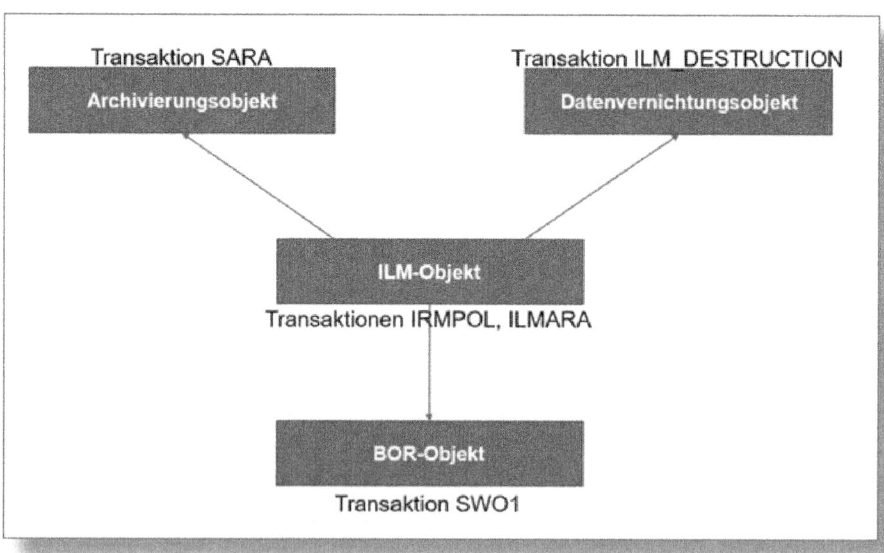

Abbildung 2.1: ILM-Objekt – Aufbau

☛ BOR-Objekt

Ein BOR-Objekt ist ein Bestandteil des Business Object Repository (BOR) in SAP. Das BOR ist der zentrale Zugriffspunkt für Business-Objekttypen und deren BAPIs. Es bietet eine strukturierte und stabile Möglichkeit, auf SAP-Daten und -Prozesse zuzugreifen. BOR-Objekte speichern relevante Informationen zu Business-Objekten, ermöglichen eine Versionskontrolle für BAPIs und instanziieren SAP Business-Objekte zur Laufzeit.

Mit dem *Archivierungsobjekt* werden die Daten in einem Archivierungslauf in eine Archivdatei geschrieben und vollständig aus der Datenbank entfernt. Dabei werden sie grundsätzlich in ein Archiv verlegt. Das Archivierungsobjekt definiert, welche Daten aus welchen Datenbanktabellen für einen Archivierungslauf betrachtet werden.

Ein *Datenvernichtungsobjekt* ist als logisches Objekt betriebswirtschaftlich zusammenhängender Daten in der Datenbank definiert. Diese werden nach Ablauf der Aufbewahrungsfrist anhand eines zugehörigen Datenvernichtungsprogramms aus der Datenbank gelöscht. Prinzipiell ist das Vernichtungsobjekt nur für die Vernichtung von Daten zuständig. Bei einigen Objekten ist ein Vorlauf vorgesehen.

Das Archivierungsobjekt wird über die Transaktion *SARA* gesteuert, das Vernichtungsobjekt mit der Transaktion *ILM_DESTRUCTION*. Sofern ein Archivierungs- oder Vernichtungsobjekt genau einem ILM-Objekt zugeordnet werden kann, wird dieses als ILM-fähiges Archivierungsobjekt bezeichnet. Zudem kann der Fall eintreten, dass mehrere Archivierungs- oder Vernichtungsobjekte auf ein ILM-Objekt passen. Ist ein Objekt als ILM-fähiges Archivierungsobjekt deklariert, werden die *ILM-Aktionen* des Archivierungsobjekts in der Transaktion *SARA* angezeigt. Im klassischen Archivierungsobjekt finden Sie im Schreiblauf unter den Selektionen keine ILM-Aktionen.

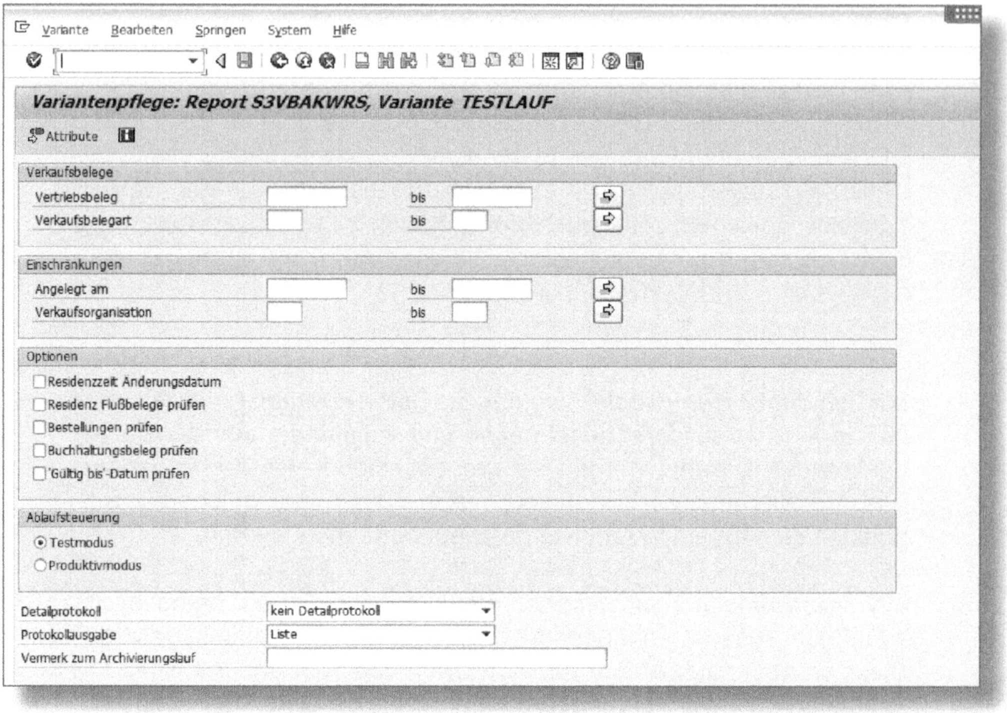

Abbildung 2.2: Archivierungsobjekt SD_VBAK – Schreiblaufvariante

Sie sehen in Abbildung 2.2 die Selektionsmaske des Schreiblaufs für das Archivierungsobjekt SD_VBAK. Die Selektionsmaske erweitert sich, sobald Sie das Archivierungsobjekt in ein ILM-Objekt umwandeln. Erst dann werden die ILM-Aktionen angezeigt. Wie ein Archivierungsobjekt zu einem ILM-fähigen Archivierungsobjekt wird, erfahren Sie in Kapitel 3.

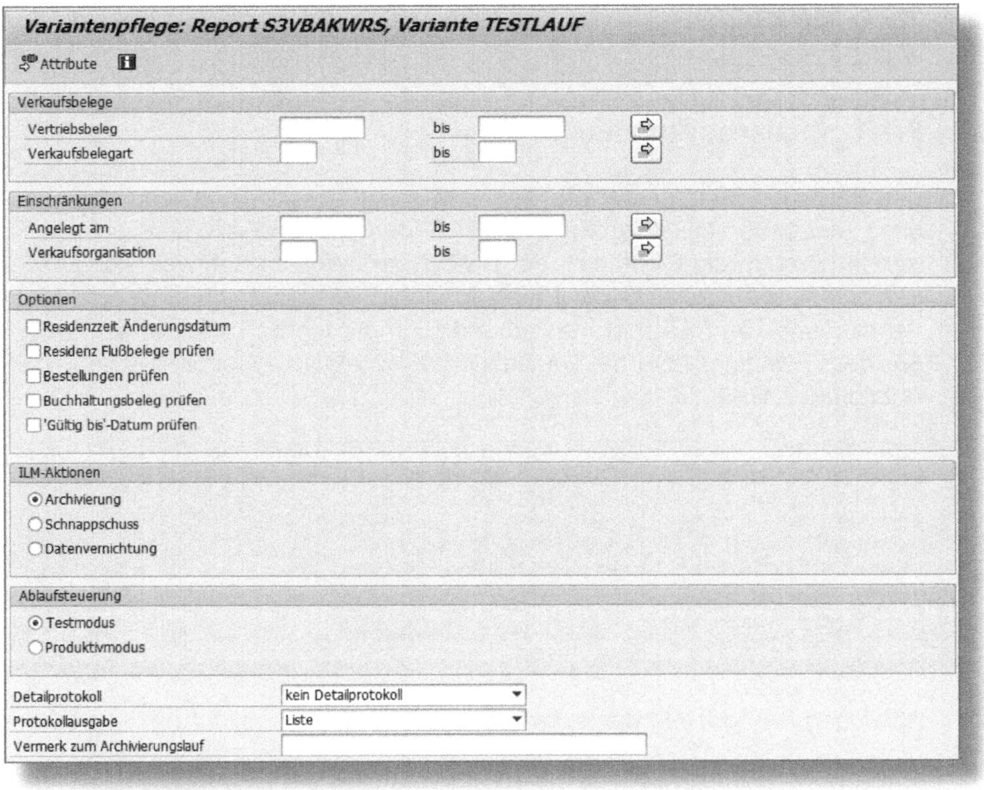

Variantenpflege: Report S3VBAKWRS, Variante TESTLAUF

Attribute

Verkaufsbelege

Vertriebsbeleg bis

Verkaufsbelegart bis

Einschränkungen

Angelegt am bis

Verkaufsorganisation bis

Optionen

☐ Residenzzeit Änderungsdatum

☐ Residenz Flußbelege prüfen

☐ Bestellungen prüfen

☐ Buchhaltungsbeleg prüfen

☐ 'Gültig bis'-Datum prüfen

ILM-Aktionen

◉ Archivierung

○ Schnappschuss

○ Datenvernichtung

Ablaufsteuerung

◉ Testmodus

○ Produktivmodus

Detailprotokoll: kein Detailprotokoll

Protokollausgabe: Liste

Vermerk zum Archivierungslauf

Abbildung 2.3: ILM-Objekt SD_VBAK – Schreiblaufvariante

In der Selektionsmaske des Schreiblaufs für das ILM-Objekt SD_VBAK sind nun die ILM-AKTIONEN ergänzt (siehe Abbildung 2.3). Darunter befinden sich die Funktionen ARCHIVIERUNG, SCHNAPPSCHUSS und DATENVERNICHTUNG. Einzelne Funktionen können bei einigen Objekten entfallen. Wie Sie diese ILM-Aktionen verwenden und wie diese funktionieren, erfahren Sie in Abschnitt 2.3.1.

2.2 Technologie

2.2.1 Business Functions

Das Retention Management in SAP ILM steht allen SAP-Anwendern ohne zusätzliche Lizenzgebühren im SAP-Standard zur Verfügung, sofern ihr System die Richtlinien der DSGVO zu befolgen hat, weil sich entsprechend zu behandelnde Daten auf dem System befinden. Für die Verwendung von SAP ILM müssen lediglich die hierfür notwendigen *Business Functions* über die Transaktion *SFW5* aktiviert werden (siehe Abbildung 2.4).

ILM	Information Lifecycle Management	Business Function bleibt eingesch...
ILM_BLOCKING	ILM: Sperrfunktionalität (reversibel)	☑
ILM_CDE_CONT_SAP_APPL	ILM: CDE-Inhalte für Software-Komponent...	☐
ILM_NOTIFICATION	Business Function für ILM-Benachrichtigun...	☐
ILM_RULE_GENERATOR	Business Function für ILM-Regelgenerator	☐
ILM_RWC_PRODUCT_LIABILITY	Vordefinierter Retention-Warehouse-Cont...	☐
ILM_RWC_TAX	Vordefinierter Retention-Warehouse-Cont...	☐
ILM_RWC_TAX_IS_OIL	Vordefinierter Retention Warehouse Cont...	☐
ILM_RWC_TAX_IS_U	Vordefinierter Retention Warehouse Cont...	☐
ILM_STOR	ILM-Datenbankablage (reversibel)	☐

Abbildung 2.4: SAP ILM Business Functions

Nach der Aktivierung der DSGVO-relevanten Business Functions müssen Sie nur noch die Anwender von SAP ILM mit den benötigten Berechtigungen für die ILM-Transaktionen ausstatten. Zu den Business Functions, die Sie benötigen, um das Retention Management und das vereinfachte Sperren von Daten zu nutzen, gehören die in Abbildung 2.4 hinterlegten Funktionen. Zu beachten ist, dass die SAP nicht alle ILM-Funktionen kostenlos zur Verfügung stellt. Beispielsweise sind die Business Functions für die Nutzung des Retantion Warehouse immer noch kostenpflichtig.

2.2.2 Ablage

Das SAP ILM erfordert ein geeignetes Ablagesystem. Dort werden Daten, die zur Archivierung oder Vernichtung vorgesehen sind, aufbewahrt und ggf. vernichtet. Man spricht von einer ILM-fähigen Ablage. Der Begriff beschreibt eine sichere Ablagetechnologie, die für die Handhabung sensibler Daten geeignet ist, denn SAP ILM wendet im Rahmen des Retention Management Regeln an. Um diese befolgen zu können, muss das Ablagesystem entsprechende Eigenschaften besitzen. Bei der Übergabe werden Dateien, die zuvor in einem Archivierungslauf geschrieben wurden, aus dem SAP-System in das Ablagesystem transferiert, und ihnen werden dabei folgende Informationen mitgegeben:

- *minimaler Aufbewahrungszeitraum*
- *maximaler Aufbewahrungszeitraum*
- *Löschsperren* in Form von IDs für Gerichtsverfahren, die beim Legal Case Management anfallen
- weitere Informationen, die in diesem Kontext als Attribute gelten

In der Regel werden bei Nutzung von SAP ILM externe Ablagesysteme bzw. externe Archive genutzt. Diese müssen, wie Sie bereits gelernt haben, ILM-fähig sein. Neben externen Ablagesystemen bietet die SAP eine eigene Lösung an. Mit dem *ILM Store* können Sie Archivdateien z. B. im SAP-Dateisystem ablegen. Die Verwendung des ILM Store erfordert keine weitere Software. Mit seiner Hilfe können Sie den Lebenszyklus Ihrer Daten vollständig abbilden und steuern. Dies ist besonders dann von Vorteil, wenn Ihnen kein WebDAV-fähiges Ablagesystem zur Verfügung steht; denn hier ist auch ArchiveLink einsetzbar. Statt auf dem Dateisystem können Sie Ihre Archivdateien mit ILM Store auch in einer Datenbank ablegen. Für dieses Vorgehen kommen SAP IQ und SAP HANA infrage.

Die Archivdateien auf einer sekundären Datenbank wie SAP IQ abzulegen, findet überwiegend Anwendung in der erweiterten Datenarchivierung mit SAP ILM. Möchten Sie diese Variante des Ablagesystems nutzen, müssen Sie eine entsprechende Datenbanksoftware anschaffen und einrichten.

Das Dateisystem wird in der klassischen Datenarchivierung grundsätzlich als temporäres Übergabe- bzw. *Austauschverzeichnis* verwendet, um die Archivdateien nach dem Erstellen im Archivsystem abzulegen. Auch hier kann das Dateisystem als Ablageoption fungieren, sofern die Anschaffung eines externen Ablagesystems nicht infrage kommt. Um diese Variante der Ablageoption revisionssicher zu nutzen, müssen Sie jedoch regelmäßige Sicherungen der Archivdateien auf externen Medien vornehmen und diese wiederum sicher aufbewahren.

Eine Übersicht über die Ablagemöglichkeiten und Schnittstellen im Retention Management bei Verwendung von ILM Store bietet Abbildung 2.5.

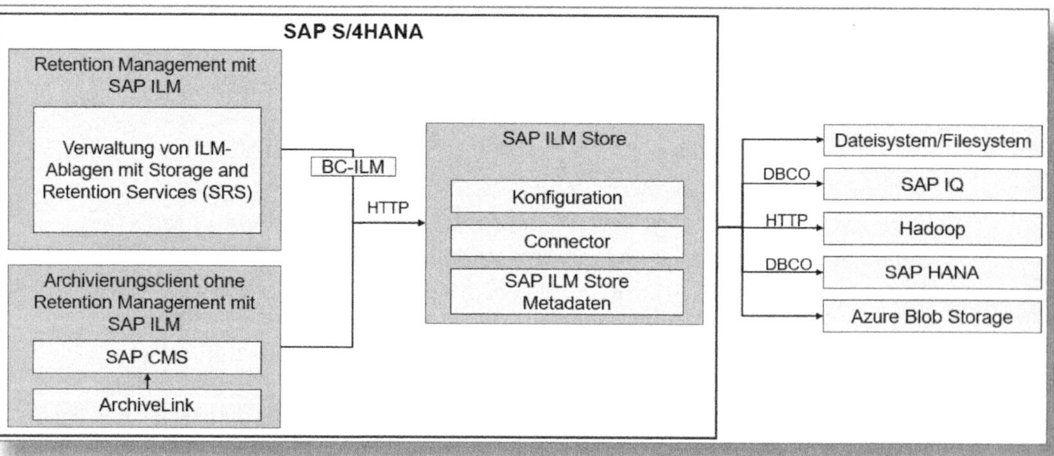

Abbildung 2.5: SAP ILM Store – Ablagemöglichkeiten

Bei der Archivierung von Daten werden Archivdateien geschrieben und in der vorgesehenen ILM-Ablage abgelegt. Diese muss eine BC-ILM-Zertifizierung nachweisen können und mit einer funktionsfähigen Schnittstelle eingerichtet sein. Bei der Nutzung des Retention Management mit SAP ILM pflegen Sie in den ILM-Customizings Regeln. Die Auswahl der ILM-Ablage erscheint als ein Feld im *ILM-Regelwerk*, und zwar bei der Definition von Aufbewahrungsregeln. Mehr zur Anlage und Pflege des ILM-Regelwerks erfahren Sie in Kapitel 3.

Um eine bestimmte ILM-Ablage verwenden zu können, müssen Sie diese zuvor konfigurieren. Hierfür richten Sie mittels Transaktion *SM59* im SAP-System eine Remote-Function-Call(RFC)-Verbindung ein (siehe Abbildung 2.6).

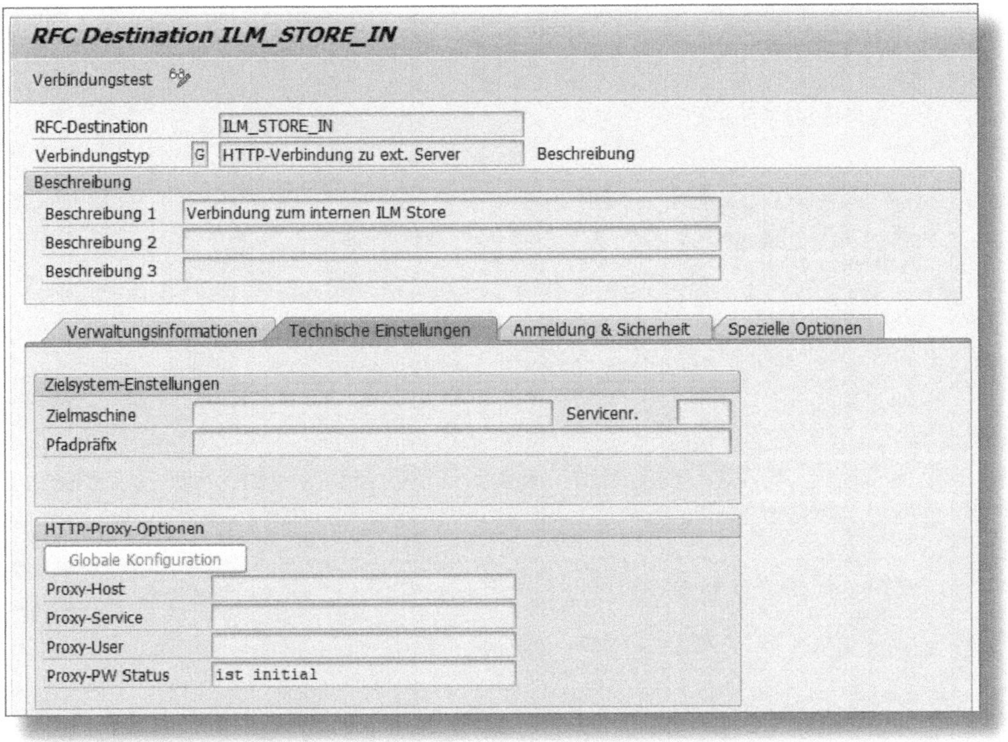

Abbildung 2.6: Transaktion SM59 – RFC-Verbindung einrichten

Im Feld RFC-DESTINATION tragen Sie einen Namen ein, der als Bezeichnung der ILM-Ablage dient. Im Reiter TECHNISCHE EINSTELLUNGEN füllen Sie sodann die beiden Felder ZIELMASCHINE und PFADPRÄFIX aus. Dabei handelt es sich um obligatorische Angaben. Unter PFADPRÄFIX tragen Sie jenen Pfad ein, der im Service Ihres ILM Store definiert wurde.

Wenn Ihre RFC-Verbindung eingerichtet ist, ist die Nutzung des Storage and Retention Service (SRS) im lokalen System zu gewährleisten.

Dies geschieht in der Transaktion *SARA* unter dem *objektübergreifenden Customizing*. Klicken Sie auf das Segment Technische Einstellungen und wählen Sie unter dem ILM-ABLAGESERVICE die Option LOKAL aus (siehe Abbildung 2.7).

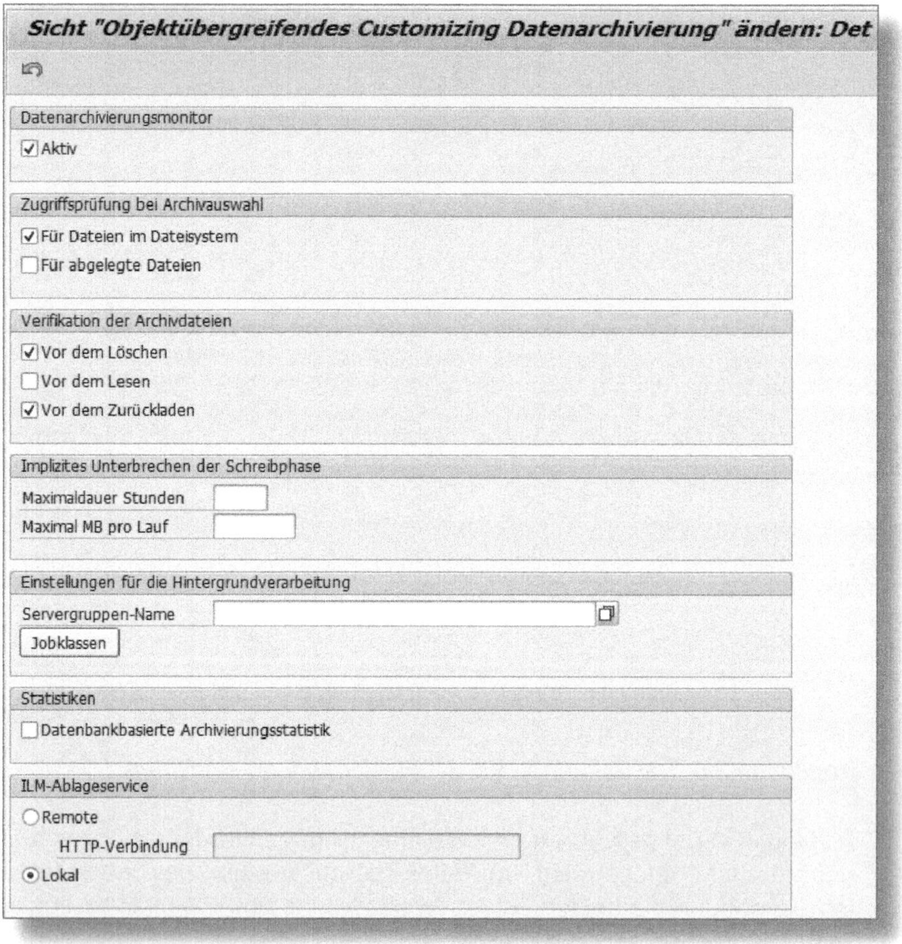

Abbildung 2.7: Objektübergreifendes Customizing

Sichern Sie Ihre Eingaben.

Nun müssen Sie noch sicherstellen, dass in der Transaktion *IRMPOL* bei der Einrichtung von Regelwerken für die Aufbewahrungsregeln die Spalte ILM-Ablage mit erstellten Einträgen bearbeitet werden kann. Um dies umzusetzen, rufen Sie die Transaktion *ILMSTOREADM* auf. Mit einem Klick auf den Button Neu richten Sie eine neue ILM-Ablage ein (siehe Abbildung 2.8).

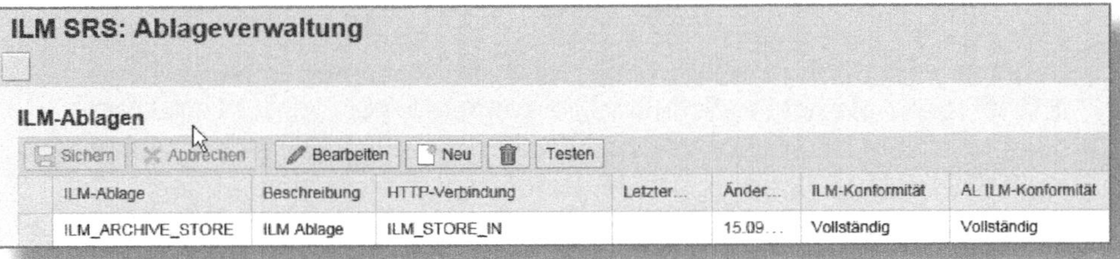

Abbildung 2.8: ILM SRS – Ablageverwaltung

Wählen Sie in der Spalte HTTP-Verbindung die konfigurierte ILM-Ablage. Eine Bezeichnung für die Ablage tragen Sie unter ILM-Ablage und eine passende Beschreibung in der gleichnamigen Spalte ein. Die RFC-Verbindung, die in der Transaktion *SM59* im Feld RFC-Destination eingerichtet wurde, sollte in der entsprechenden Spalte eingetragen werden. Anschließend sichern Sie die ILM-Ablage, um sie verwenden zu können.

2.2.3 Schnittstelle

Die Ablage der Daten, die Sie mit SAP ILM bearbeiten wollen, müssen Sie mit einer passenden Schnittstelle zur Kommunikation des SAP-Systems mit dem Ablagesystem ausstatten. Die Übergabe der Daten aus der Datenbank in Ihr Ablagesystem erfordert ein Protokoll, das in der Lage ist, die Archivdateien samt Informationen korrekt zu transferieren. Als Lösung dient hier das Web-based Distributed Authoring and Versioning (WebDAV). Hierbei handelt es sich um ein Netzwerkprotokoll, das die Archivdateien über HTTP bereitstellt. Das HTTP-Protokoll wurde bei WebDAV durch Attribute bzw. Informationen erweitert, damit auch diese bei der Übergabe in das Ablagesystem berücksichtigt werden und die vergebenen Regeln auf die Daten angewendet werden können. Das Protokoll wird zudem zertifiziert. Die Zertifizierung garantiert, dass die vergebenen Anforderungen für die Daten richtig abgelesen und eingehalten werden. SAP spricht an dieser Stelle von der BC-ILM-WebDAV-Zertifizierung.

Damit eine Datenübertragung hergestellt werden kann, muss neben der ILM-fähigen Ablage eine Schnittstelle existieren. Für SAP ILM wird hier die ILM-erweiterte WebDAV-Schnittstelle verwendet. Die Schnittstelle stellt eine sichere Übertragung der Daten zwischen Anwendungs- bzw. SAP-System und Ablagesystem her. Des Weiteren werden zusätzlich zu den Archivdateien die Attribute aus dem Information Retention Manager (IRM) übergeben, die den Lebenszyklus der Daten steuern. Mittels der WebDAV-Schnittstelle werden strukturierte Daten in einer Hierarchie abgelegt, die aus den Regeln des IRM abgeleitet werden. Für die Ablage von unstrukturierten Daten in Form von Originalbelegen oder Dokumenten muss als Schnittstelle ArchiveLink verwendet werden.

Mit der Unterscheidung dieser Ablagevarianten werden bestimmte Pfadstrukturen gebildet und in einer Archivhierarchie angeordnet; dabei werden die strukturierten von den unstrukturierten Daten separiert.

Die Archivhierarchie für strukturierte Daten beinhaltet Archivdateien und Schnappschüsse (siehe Abschnitt 2.3.1). Die Hierarchie gliedert sie gemäß den angewandten Aufbewahrungsregeln des IRM sowie dem Zeitpunkt der Ablage. In der Pfadstruktur finden Sie die Archivdateien unter dem Knoten AD und Schnappschüsse unter dem Knoten SN (siehe Abbildung 2.9).

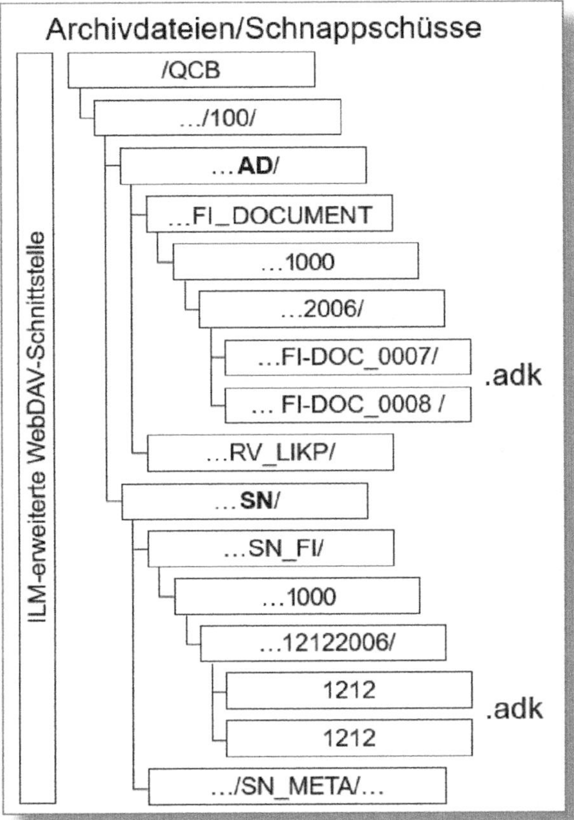

Abbildung 2.9: Archivhierarchie für Archivdateien und Schnappschüsse

Dieses Vorgehen gilt gleichermaßen für strukturierte und unstrukturierte Daten. Zu Letzteren gehören *ArchiveLink-Dokumente* sowie *Drucklisten*, die ebenfalls in der Pfadstruktur bzw. Archivhierarchie abgelegt werden. Die Drucklisten finden sich unter dem Knoten DL in der Pfadstruktur, Dokumente unter dem Knoten AL (siehe Abbildung 2.10).

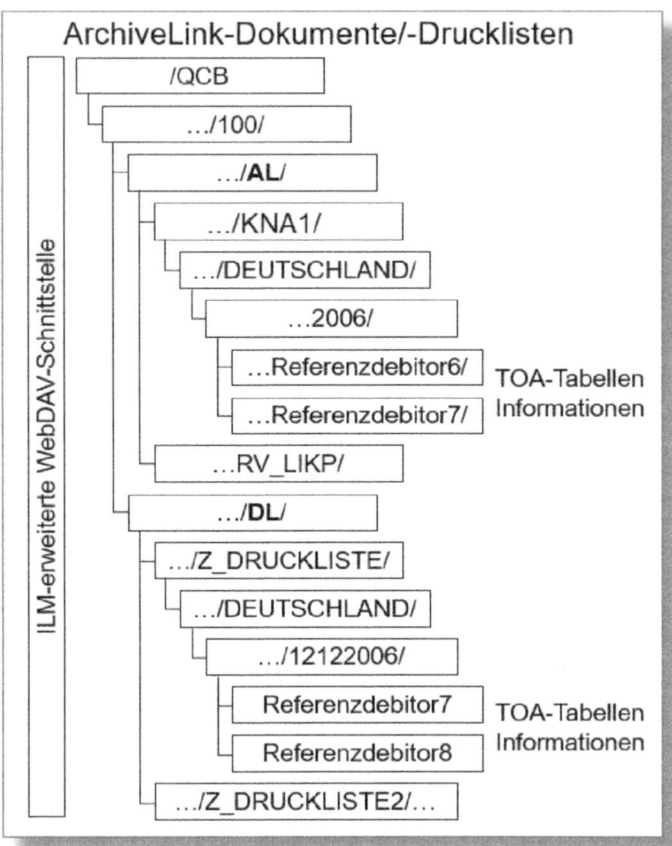

Abbildung 2.10: Archivhierarchie für ArchiveLink-Dokumente und Drucklisten

2.3 SAP-ILM-Säulen

Es gibt drei Kernbereiche, die sich zum ILM zusammenführen lassen.

Sie haben bereits die ILM-Funktionen kennengelernt (siehe Abbildung 1.1). Als Fundament dient die ILM-erweiterte Datenarchivierung, auf die sich die beiden Blöcke Retention Management und Systemstilllegung stützen.

Es ist aber auch eine andere Darstellung denkbar: Man kann die Datenarchivierung, das Retention Management und die Systemstilllegung als die drei Säulen des SAP ILM betrachten. In diesem Abschnitt möchten wir Ihnen diese Grundpfeiler etwas näher vorstellen und genauer auf deren Funktionen eingehen. In Abbildung 2.11 sind stichpunktartig ihre Kernfunktionen und Merkmale genannt.

Datenarchivierung	**Retention Management**	**Systemstilllegung**
▪ Datenvolumen analysieren ▪ Daten sicher aus der Datenbank in das Archiv verschieben ▪ Einfach auf archivierte Daten zugreifen ▪ Daten aus SAP BW archivieren (Nearline-Storage)	▪ Unternehmensweit alle Aufbewahrungsregelwerke verwalten ▪ Datenvernichtung basierend auf Regelwerken verwalten ▪ Aufbewahrungsregelwerke einhalten ▪ Sichere ILM-fähige Ablage (Partnerangebote) verwenden ▪ E-Discovery durchführen und rechtsfallbedingte Sperren einrichten	▪ Altsysteme stilllegen ▪ Aufbewahrungsregelwerke für Daten aus stillgelegten Systemen einhalten ▪ Reporting für Daten aus stillgelegtem System (SAP BW) durchführen ▪ Vordefinierte BW-Steuer-, Content- und Reporting-Schnittstelle verwenden ▪ Vom unabhängigen und übersichtlichen Archiv profitieren
Datenbankvolumen verwalten	***End-of-Life Data***	***Altsysteme***

Abbildung 2.11: Die drei Säulen des SAP ILM

2.3.1 Datenarchivierung

Die Datenarchivierung bildet die Basis von SAP ILM. Wir sprechen hier auch von der ILM-erweiterten Datenarchivierung. Die Unterschiede zwischen der klassischen Archivierung und der Datenarchivierung in SAP ILM haben Sie in Abschnitt 2.1 kennengelernt. Die Datenarchivierung in SAP ILM ist primär auch für die Verwaltung von Datenvolumen zuständig. Sie verfügt über klassische Datenarchivierungsfunktionen, die zwar seit Jahren im Systemstandard verfügbar sind. Diese wurden hier jedoch erweitert, sodass sie in die anderen beiden SAP-ILM-Komponenten Retention Management und Systemstilllegung integriert werden können. Auch die herkömmlichen Archivierungsprogramme wurden erweitert, damit nicht nur eine Datenarchivierung, sondern z. B. auch die Vernichtung von Daten durchgeführt werden kann.

Mit der Datenarchivierung über SAP ILM werden Daten zu abgeschlossenen Geschäftsvorgängen aus der Datenbank entfernt. Dies betrifft Daten, die nicht mehr aktiv genutzt werden. Ihre Entfernung aus der Datenbank und die Ablage in einem Archiv haben einen enorm positiven Einfluss auf die Systemperformance. In SAP ILM ist die Datenarchivierung insbesondere für die in Abbildung 2.12 aufgeführten Zwecke nutzbar.

Datenarchivierung

- Datenvolumen analysieren
- Daten sicher aus der Datenbank in das Archiv verschieben
- Einfach auf archivierte Daten zugreifen
- Daten aus SAP BW archivieren (Nearline-Storage)

Datenbankvolumen verwalten

Abbildung 2.12: Datenarchivierung mit SAP ILM – Kernfunktionen

Damit die neuen Funktionen von SAP ILM, wie z. B. das Regelwerk, genutzt werden können, musste die SAP die Archivierungsobjekte erweitern. Mit der Aktivierung der SAP ILM Business Function und mit Zuordnung des Archivierungsobjekts zu einem Prüfgebiet erscheinen in der Variantenpflege für den Schreiblauf die ILM-Aktionen »Archivierung«, »Schnappschuss« und »Datenvernichtung«. Was diese ILM-Aktionen bewirken, stellen wir im Folgenden näher dar.

Archivierung

Die ILM-Aktion »Archivierung« bewirkt im Grunde das Gleiche wie die klassische Datenarchivierung: Die üblichen Prüfungen, wie beispielsweise die der Residenzzeit im anwendungsspezifischen Customizing, werden durchgeführt. Der Unterschied ist, dass mit der Aktivierung von SAP ILM und dem Zuordnen des ILM-Objekts außerdem die im Retention Management hinterlegten Verweil- und Aufbewahrungsregeln geprüft werden.

Schnappschuss

Die zweite ILM-Aktion ist der Schnappschuss. Wenn Sie diese Funktion auswählen, werden im Schreiblauf Kopien von Bewegungsdaten zu offenen Geschäftsvorgängen mit Stammdaten und Kontextdaten generiert. Die Besonderheit ist, dass dabei die Archivierungskriterien übergangen werden. Mit dem Schnappschuss können Daten, die im Rahmen der klassischen Datenarchivierung nicht als archivierbar gelten – wie beispielsweise Belege mit offenen Posten – in eine Archivdatei geschrieben werden. Diese Funktion ist hilfreich bei der Stilllegung eines Altsystems, da in solch einem Fall alle Daten aus dem System im Retention-Warehouse-System benötigt werden. Für das Erstellen der Schnappschüsse wird der *Context Data Extractor* (CDE) genutzt. Der Vorgang ähnelt stark der Funktionsweise des *Data Retention Tool* (DART). Beim Einsetzen des DART werden Datenextrakte von steuerlich relevanten Daten erstellt, die bei einer Steuer- und Wirtschaftsprüfung vorgelegt werden müssen.

Datenvernichtung

Die letzte ILM-Aktion in der Schreiblaufvariante ist die Datenvernichtung. Das Auswählen dieser ILM-Aktion ermöglicht die direkte Vernichtung der Daten aus den SAP-Datenbanktabellen. Beim Ausführen dieser Aktion wird zunächst eine Archivdatei mit den selektierten Daten erstellt und anschließend werden wie im klassischen Löschlauf die Daten aus den SAP-Datentabellen gelöscht. Im Lauf mit der Auswahl »Datenvernichtung« entfallen jedoch die Nacharbeiten wie das Abbauen einer Infostruktur und der Ablagejob. Im letzten Schritt werden die temporär erstellten Archivdateien samt den Verwaltungsdaten vernichtet. Ebenso wie bei der Archivierung mit ILM wird ein aktives Regelwerk für das Objekt benötigt.

Eine weitere Möglichkeit der Datenvernichtung wird häufig für bereits bestehende Archivdateien genutzt: die Transaktion *ILM_DESTRUCTION*. Hier tragen Sie einfach die Auswahl der zu vernichtenden Daten ein: ARCHIVDATEIEN, ANLAGEN UND DRUCKLISTEN oder DATEN AUS DER DATENBANK (siehe Abbildung 2.13).

Datenvernichtung

Typ der zu vernichtenden Daten

- (•) Archivdateien (ADK)
- ( ) Anlagen und Drucklisten
- ( ) Daten aus der Datenbank

Einschränkungen

ILM-Objekt		bis	
SAP-System		bis	
Mandant		bis	

Nach Datum filtern

Ablaufdatum		bis	
Oblig. Vern. Datum		bis	

Abbildung 2.13: SAP ILM – Datenvernichtung

2.3.2 Retention Management

Das Retention Management ermöglicht die *End-of-Life-Datenverwaltung*. Diese Komponente von SAP ILM enthält verschiedene Werkzeuge und Methoden zum Verwalten von Daten während ihrer gesamten Lebensdauer – von der Datenerstellung bis zu deren Sperrung und Vernichtung aufgrund gesetzlicher Vorschriften. In Abbildung 2.14 haben wir Ihnen die Funktionen nochmals dargestellt.

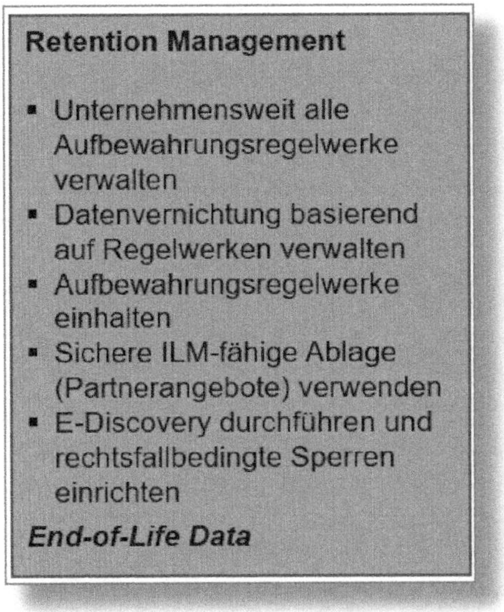

Retention Management

- Unternehmensweit alle Aufbewahrungsregelwerke verwalten
- Datenvernichtung basierend auf Regelwerken verwalten
- Aufbewahrungsregelwerke einhalten
- Sichere ILM-fähige Ablage (Partnerangebote) verwenden
- E-Discovery durchführen und rechtsfallbedingte Sperren einrichten

End-of-Life Data

Abbildung 2.14: Retention Management – Kernfunktionen

Auch das Datenmanagement gemäß internen Regeln, z. B. zur Aufbewahrung, ist gewährleistet. Das Retention Management lässt sich in zwei Hauptkomponenten unterteilen, die wir im Folgenden genauer betrachten.

Information Retention Manager

Die Funktionalitäten des Information Retention Manager (IRM) dienen der zentralen Verwaltung des Lebenszyklus von Daten. Im IRM können Sie das Regelwerk für die Verweil- und Aufbewahrungsdauer und den ILM-konformen Ablageort definieren. Darüber hinaus lässt sich mit seiner Hilfe die Sperrung von Daten und deren Vernichtung nach Ende der gesetzlichen Aufbewahrungspflicht planen. Nach dem Zuordnen des Archivierungsobjekts zu einem Prüfgebiet werden im Schreibprogramm des jeweiligen ILM-Objekts neben den klassischen Archivierbarkeitskriterien auch die im IRM gepflegten Regeln abgefragt. Wie Sie die Regeln mit dem IRM pflegen, erfahren Sie in Abschnitt 3.2.

Legal Case Management

Das Legal Case Management dient dazu, Daten, die mit einem laufenden Rechtsfall in Verbindung stehen, vor der Vernichtung zu schützen. Sie werden mit einer Sperre, auch Legal Holds genannt, versehen und bei planmäßigen Vernichtungen außer Acht gelassen.

Um die Sperre anwenden zu können, legen Sie zunächst einen Rechtsfall an. Hierfür rufen Sie die Transaktion *ILM_LHM* auf und pflegen die benötigten Informationen wie den Namen des Rechtsfalls, die verantwortliche Person und den Status des Rechtsfalls ein. Um Belege zu Rechtsfällen zu selektieren, wird innerhalb des Legal Case Management die *E-Discovery*-Funktion verwendet. Diese besitzt eine ähnliche Funktionsweise wie der *Document Relationship Browser* (DRB), der im Kontext der klassischen Datenarchivierung häufig für das Nachvollziehen der Belegflussketten nach der Archivierung genutzt wird.

In der Funktion E-Discovery im Legal Case Management kann der Anwender den rechtsfallrelevanten Beleg und durch die DRB-Funktionsweise weitere mit diesem verknüpfte Belege ermitteln und für das Vernichten sperren. Nach dem Ende des Rechtsfalls kann die Sperre aufgehoben werden. Somit sind die Daten für die Vernichtung wieder freigegeben.

2.3.3 Systemstilllegung

Mit der Einführung eines neuen SAP-Systems, beispielsweise bei einer SAP-S/4HANA-Transformation, stellt sich auch die Frage nach dem Umgang mit den Altsystemen. Die dort gespeicherten Daten unterliegen häufig noch gesetzlichen Aufbewahrungsfristen. Dank des *Retention-Warehouse-Systems* brauchen die Altsysteme dennoch nicht weiterbetrieben zu werden, was eine erhebliche Kosteneinsparung mit sich bringt.

Die Funktionen der Systemstilllegung haben wir für Sie nochmals in Abbildung 2.15 dargestellt.

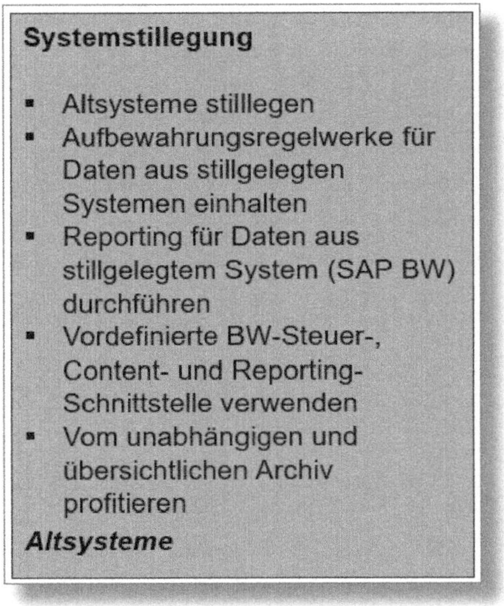

Systemstillegung

- Altsysteme stilllegen
- Aufbewahrungsregelwerke für Daten aus stillgelegten Systemen einhalten
- Reporting für Daten aus stillgelegtem System (SAP BW) durchführen
- Vordefinierte BW-Steuer-, Content- und Reporting-Schnittstelle verwenden
- Vom unabhängigen und übersichtlichen Archiv profitieren

Altsysteme

Abbildung 2.15: Systemstilllegung – Kernfunktionen

Grundsätzlich lässt sich die Systemstilllegung mit SAP ILM in drei Phasen gliedern.

1. IRM-Regeln auf dem Retention-Warehouse-System definieren
2. Daten aus dem Altsystem extrahieren bzw. archivieren und ins Retention-Warehouse-System übertragen
3. Auswertung der Daten gewährleisten

In der **ersten Phase** werden mittels des IRM die Regelwerke für die Archivdateien auf dem Retention-Warehouse-System eingestellt.

In der **zweiten Phase** werden die betroffenen Daten, soweit möglich, archiviert. Für offene Geschäftsvorfalle und Metadaten kann die ILM-Aktion »Schnappschuss« verwendet werden, um Extrakte der Daten zu erstellen. Anschließend werden die Archivdateien und Extrakte mithilfe der Transaktion *ILM_TRANS_ADMIN* auf das Retention-Warehouse-System übertragen.

In der **dritten und letzten Phase** werden Auswertungsmöglichkeiten für die Daten bereitgestellt. Zu beachten ist, dass die Daten nach der Systemstilllegung nur in Form von Prüfpaketen in der Transaktion *IWP01* in tabellarischer Form angezeigt werden können. Die SAP-Standardtransaktionen sind zwar in dem Retention-Warehouse-System verfügbar, können aber nicht aus dem Altsystem lesen, da die Daten aus diesem System mit der Funktion »Schnappschuss« übertragene Archivdateien sind.

3 SAP ILM Retention Management einrichten

Die Einrichtung des Information Retention Manager (IRM) sorgt dafür, dass bei einem Archivierungs- oder Vernichtungslauf alle betroffenen produktiven Regelwerke geprüft werden. Ferner werden Ablaufdaten berechnet und die Ablageorte festgelegt, damit die Archivdateien an der richtigen Stelle gespeichert werden. Mit Erreichen des Ablaufdatums können die Archivdateien oder Daten aus der Datenbank vernichtet werden.

Aus diesem Grund ist es wichtig, dass Sie die Funktionen des ILM kennen und entsprechende Anforderungen vor Einrichtung der Regelwerke im Unternehmen abstimmen. Zudem sollten Sie bereits vor der Archivierung ein geeignetes Ablagesystem eingerichtet und entsprechende Customizing-Einstellungen gepflegt haben. Sollten Sie kein Ablagesystem definiert haben, können Sie lediglich die Archivierung bzw. direkte Vernichtung Ihrer Daten vornehmen, ohne aber die geschriebenen Archivdateien ablegen zu können.

3.1 Ausprägen der ILM Rule Engine

Das Retention Management verfügt über eine Reihe von Werkzeugen und Methoden, die Ihnen helfen, die wichtigsten Aspekte der Datenaufbewahrung unter Berücksichtigung gesetzlicher Normen abzudecken. Dazu gehören das Management von Regelwerken und Regeln, die ILM-konforme Integration von Ablagesystemen, die Vernichtung von Daten am Ende ihres Lebenszyklus sowie Funktionen des Legal Case Management wie z. B. das Setzen von Legal Holds und die Durchführung von E-Discovery-Recherchen.

Mithilfe dieser Funktionen ist es möglich, den Lebenszyklus der Daten vollständig abzubilden und zu steuern. Das Business-Szenario, auf welches das Retention Management hauptsächlich ausgerichtet ist, wird als »End-of-life data« bezeichnet.

Der bedeutendste Teil des Retention Management ist die Definition der Regeln. Wie Sie erfahren haben, werden im Retention Management Regeln für die Aufbewahrung und die Verweildauer von Daten aufgestellt, um deren Lebenszyklus zu verwalten. Der *Information Retention Manager* dient als Zentrale zur Verwaltung der Aufbewahrungs- und Verweilregeln. Die Pflege der Regeln ist deshalb essenziell, da Aktionen in SAP ILM wie die Archivierung oder Vernichtung von Daten nur erfolgen, wenn entsprechende Regeln bzw. Richtlinien als »Befehlsgeber« hinterlegt sind. Durch die automatisierte Verarbeitung der Regeln wird der IRM aufgrund des maschinellen Vorgangs auch *Rule Engine* genannt.

Um Aufbewahrungs- und Verweilregeln vergeben zu können, müssen in SAP ILM *Prüfgebiete* und Regelwerke gepflegt werden. In den nächsten beiden Abschnitten werden wir Ihnen deshalb zeigen, wie Sie dies bewerkstelligen.

3.1.1 Prüfgebiete

Prüfgebiete fassen verschiedene betriebswirtschaftlich ähnliche ILM-Objekte in Gruppierungen zusammen. Die Gruppierung der ILM-Objekte können Sie selbst bestimmen bzw. erstellen.

Ein Prüfgebiet ist die Grundlage dafür, dass Regeln zur Aufbewahrung von Daten überhaupt erst vergeben werden können. In einem Prüfgebiet legen Sie den Grund einer Prüfung und die dazugehörigen Inhalte fest. Mithilfe dieser Inhalte werden einem Prüfgebiet zugeteilte Daten während ihres Lebenszyklus gesteuert. Wir empfehlen Ihnen deshalb, Ihre Prüfgebiete, die zugehörigen ILM-Objekte und die Regeln zur Aufbewahrung sowie zum Verweilen genauestens zu planen, bevor Sie mit dem Anlegen Ihrer Prüfgebiete beginnen.

SAP liefert im Standard u. a. folgende Prüfgebiete, die verschiedene ILM-Objekte aus zusammengehörenden Bereichen zusammenfassen:

- **ARCHIVING:** Dieses Prüfgebiet nutzen Sie, um Verweilregeln für die Datenarchivierung zu erstellen. Sie können Verweilregeln bzw. Residenzzeiten (bei klassischer Datenarchivierung) definieren.
- **TAX:** Dieses Prüfgebiet beinhaltet ILM-Objekte, die bei einer Steuerprüfung von Bedeutung sind.
- **HCM_DP:** In diesem Prüfgebiet werden Aufbewahrungsregeln für HR-Daten verwaltet. Hierzu gehören beispielsweise Daten aus der Personalzeitwirtschaft.
- **PRODLIABIL:** Bei den Themen »Garantie« und »Produkthaftung« dient PRODLIABIL als Prüfgebiet für Aufbewahrungsregeln, beispielsweise von Chargenverwendungsnachweisen.
- **DEMO:** Dieses Beispielprüfgebiet dient zu Demonstrations- oder Testzwecken und kann verwendet werden, ohne BW-Abfragen durchzuführen.
- **GENERAL:** Dieses Prüfgebiet beinhaltet alle Objekte, die keinem der oben genannten Prüfgebiet zugeordnet sind.
- **DISPLAY:** Mit diesem Prüfgebiet können Sie die Anzeige von Daten vornehmen.

Die Prüfgebiete aus dem Standard können Sie kopieren und bearbeiten, um individuelle Einstellungen vorzunehmen.

Ein Sonderfall ist **BUPA_DP**. Dieses Prüfgebiet dient dem Sperren von Stammdaten und sollte nicht kopiert und angepasst bzw. verändert werden, da es notwendige Funktionsbausteine gibt, die auf dieses Prüfgebiet zugreifen und durch Veränderungen in ihrer Funktion beeinflusst werden könnten.

Prüfgebiete anlegen und bearbeiten

Sie können in der Transaktion *ILMARA* (Bearbeitung von Prüfgebieten) verschiedene Aktionen durchführen, um Prüfgebiete an Ihren Bedarf anzupassen. Der Einstieg in die Transaktion *ILMARA* ist aus Abbildung 3.1 ersichtlich.

SAP

Neu Prüfgebiet löschen Prüfgebiet kopieren Transportieren

Prüfgebiete

Prüfgebiet	Beschreibung Prüfgebiet	Regelwerkkategorie	Regelwerkkategoriebeschreibung
ARCHIVING	Datenarchivierung	RST	Verweilregeln
BUPA_DP	Geschäftspartner: EoP-Sperre	RST	Verweilregeln
BUPA_DP	Geschäftspartner: EoP-Sperre	RTP	Aufbewahrungsregeln
DEMO	Beispielprüfgebiet	RTP	Aufbewahrungsregeln
DISPLAY	Anzeige von Daten	RST	Verweilregeln
GENERAL	Allgemeine Regeln	RTP	Aufbewahrungsregeln
HCM_DP	HCM Datenschutz	RTP	Aufbewahrungsregeln
PRODLIABIL	Produkthaftung	RTP	Aufbewahrungsregeln
TAX	Steuerrecht	RTP	Aufbewahrungsregeln

Abbildung 3.1: Transaktion ILMARA – Einstieg

Anzeigen:

Um sich ein Prüfgebiet anzeigen zu lassen, müssen Sie nicht zwingend eines angelegt haben. Sie können sich die vorkonfigurierten Prüfgebiete aus dem SAP-Standard ansehen und entscheiden, ob Sie diese übernehmen.

Öffnen Sie die Transaktion *ILMARA* und klicken Sie in der Liste aller Prüfgebiete auf den Namen des Prüfgebiets, das Sie sich anzeigen lassen wollen. Markieren Sie es und klicken Sie auf den Button Weiter. Dieser befindet sich unten rechts, wie in Abbildung 3.2 zu erkennen ist.

Ihnen werden die ILM-Objekte, die diesem Prüfgebiet zugeordnet sind, samt Beschreibung angezeigt. Des Weiteren können Sie feststellen ob eine *Objektzuordnung* angewählt ist.

In Abbildung 3.3 erkennen Sie, dass bei der Auswahl in der Spalte OBJEKTZUORDNUNG keines der Objekte mit einem Häkchen markiert und somit nichts angewählt ist. Das führt dazu, dass für diese Objekte keine Regelvergabe möglich ist, sofern sie auch in anderen Prüfgebieten nicht angewählt bzw. zugeordnet wurden.

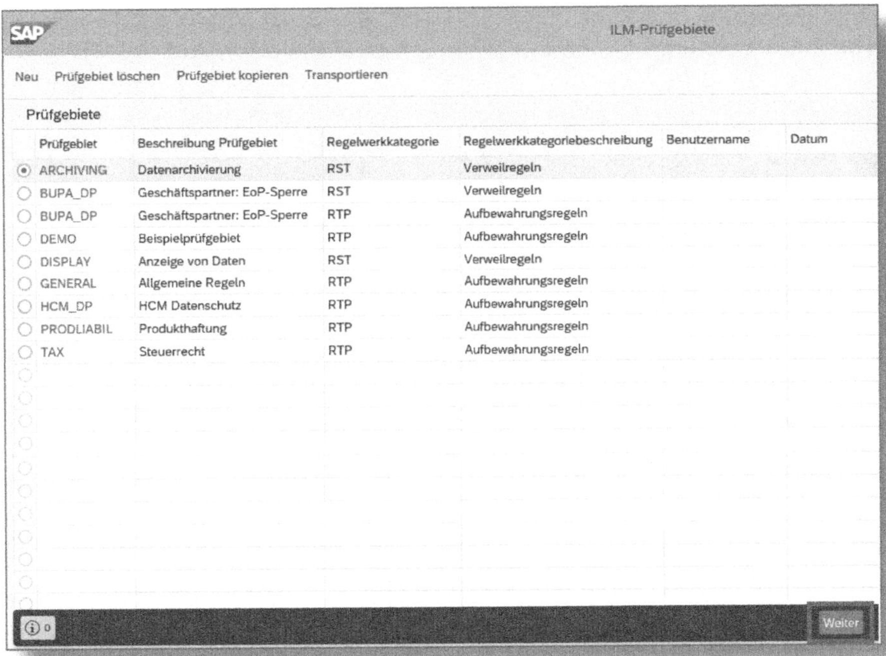

Prüfgebiet	Beschreibung Prüfgebiet	Regelwerkkategorie	Regelwerkkategoriebeschreibung	Benutzername	Datum
ARCHIVING	Datenarchivierung	RST	Verweilregeln		
BUPA_DP	Geschäftspartner: EoP-Sperre	RST	Verweilregeln		
BUPA_DP	Geschäftspartner: EoP-Sperre	RTP	Aufbewahrungsregeln		
DEMO	Beispielprüfgebiet	RTP	Aufbewahrungsregeln		
DISPLAY	Anzeige von Daten	RST	Verweilregeln		
GENERAL	Allgemeine Regeln	RTP	Aufbewahrungsregeln		
HCM_DP	HCM Datenschutz	RTP	Aufbewahrungsregeln		
PRODLIABIL	Produkthaftung	RTP	Aufbewahrungsregeln		
TAX	Steuerrecht	RTP	Aufbewahrungsregeln		

Abbildung 3.2: Transaktion ILMARA – Auswahl eines Prüfgebiets

SAP Prüfgebiet: ARCHIVING

Bearbeiten

* Prüfgebiet: ARCHIVING
Beschreibung Prüfgebiet: Datenarchivierung
Regelwerkkategorie: Verweilregeln

Zuordnung von Objekten zum Prüfgebiet

Tabellen und Felder auswählen | Prüfsummen anzeigen

Objektkategorie	Objektkategorie	ILM-Objekt	Beschreibung	Objektzuordnung
OT_FOR_BS	SAP Business Suite	MM_EBAN	Bestellanforderungen	☐
OT_FOR_BS	SAP Business Suite	MM_EINA	Einkaufsinfosätze	☐
OT_FOR_BS	SAP Business Suite	MM_EKKO	Einkaufsbelege	☐
OT_FOR_BS	SAP Business Suite	MM_INVBEL	Materialwirtschaft: Inventurbelege	☐
OT_FOR_BS	SAP Business Suite	MM_REBEL	Materialwirtschaft: Rechnungsbelege	☐

Abbildung 3.3: Prüfgebiet ARCHIVING

Befinden Sie sich im Anzeigemodus innerhalb der Transaktion *ILMARA*, wird Ihnen der Bearbeitungsbutton angezeigt (siehe Abbildung 3.4).

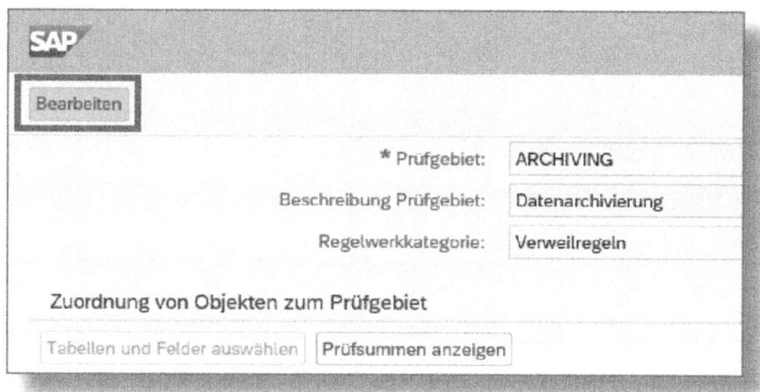

Abbildung 3.4: Transaktion ILMARA – Anzeigemodus

Wenn Sie auf den Button Bearbeiten klicken, wechseln Sie in den Bearbeitungsmodus. Dort befindet sich an dieser Stelle der Anzeigebutton.

Anlegen:

Ein neues Prüfgebiet legen Sie mit der Transaktion *ILMARA* an, indem Sie auf den Button Neu klicken. Die Position des Buttons ist in Abbildung 3.5 links oben sichtbar.

In diesem Fall gibt es keine Vorlage, d. h., Sie starten mit einem »leeren« Prüfgebiet ohne Voreinstellungen. Vergeben Sie im entsprechenden Feld einen Namen für Ihr PRÜFGEBIET. Sie können zudem eine BESCHREIBUNG hinzufügen. Außerdem können Sie die REGELWERKKATEGORIE des Prüfgebiets bestimmen und somit einstellen, ob sich Ihr angelegtes Prüfgebiet auf Aufbewahrungs- oder Verweilregeln beziehen soll.

Mit einem Klick auf den Button Sichern sichern Sie Ihr angelegtes Prüfgebiet unter Angabe eines Transportauftrags und können es nun verwenden.

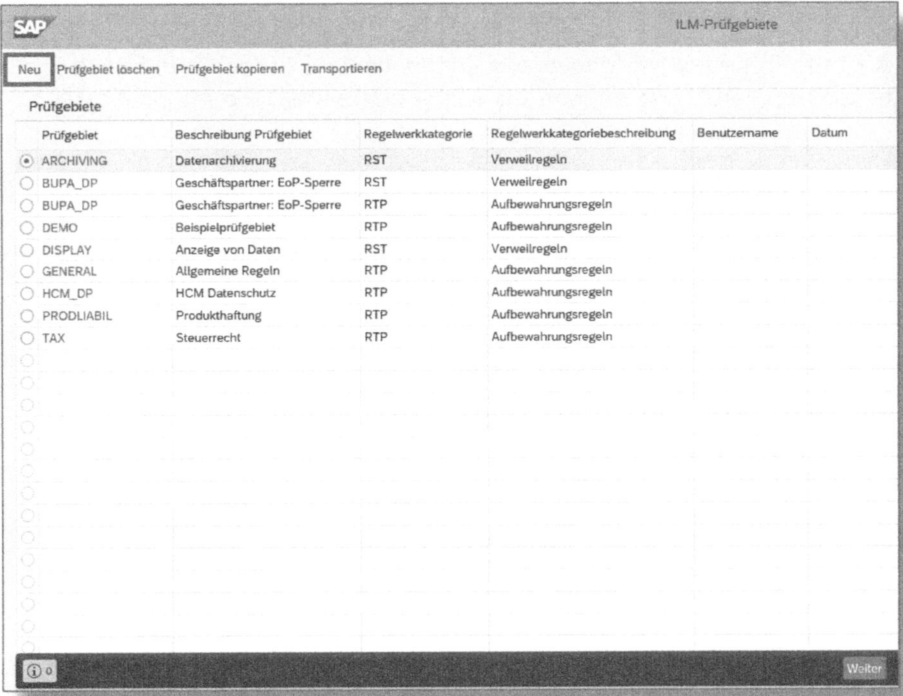

Prüfgebiet	Beschreibung Prüfgebiet	Regelwerkkategorie	Regelwerkkategoriebeschreibung	Benutzername	Datum
ARCHIVING	Datenarchivierung	RST	Verweilregeln		
BUPA_DP	Geschäftspartner: EoP-Sperre	RST	Verweilregeln		
BUPA_DP	Geschäftspartner: EoP-Sperre	RTP	Aufbewahrungsregeln		
DEMO	Beispielprüfgebiet	RTP	Aufbewahrungsregeln		
DISPLAY	Anzeige von Daten	RST	Verweilregeln		
GENERAL	Allgemeine Regeln	RTP	Aufbewahrungsregeln		
HCM_DP	HCM Datenschutz	RTP	Aufbewahrungsregeln		
PRODLIABIL	Produkthaftung	RTP	Aufbewahrungsregeln		
TAX	Steuerrecht	RTP	Aufbewahrungsregeln		

Abbildung 3.5: Transaktion ILMARA – Einstieg, Anlage eines Prüfgebiets

Ändern:

Mit der Bearbeitungsfunktion können Prüfgebiete angepasst werden. Zur Anpassung innerhalb der Transaktion *ILMARA* gehört die Objektzuordnung.

Zum Anpassen bestehender Prüfgebiete lassen Sie sich das gewünschte Prüfgebiet anzeigen und klicken dann auf den Button Bearbeiten. Ihnen werden die zugehörigen ILM-Objekte angezeigt, die Sie durch eine Objektzuordnung aus dem Prüfgebiet ausschließen oder in dieses aufnehmen können. Die Objektzuordnung werden wir Ihnen im weiteren Verlauf dieses Abschnitts genauer erklären.

Kopieren oder zusammenführen:

Anstatt ein neues Prüfgebiet anzulegen, können Sie auch ein bestehendes kopieren und sodann die Kopie bearbeiten. Die »Kopiervorlage« bleibt also in diesem Fall unverändert.

Markieren Sie hierzu das gewünschte Prüfgebiet in der Transaktion *ILMARA*. Klicken Sie sodann auf den Button Prüfgebiet kopieren. Es erscheint ein Fenster, in dem Ihnen das originale Prüfgebiet und dessen Beschreibung angezeigt werden. Ihnen wird ein zusätzliches Ankreuzfeld »Nach Kopieren/Zusammenführen deaktivieren« angeboten. Sofern Sie dies markieren, bleibt die Objektzuordnung aller ILM-Objekte bestehen, die sich in dem ausgewählten Prüfgebiet befinden. Wenn das Ankreuzfeld für ein bestimmtes ILM-Objekt aktiv ist, ist ein produktives Regelwerk für dieses Objekt im Quellprüfgebiet weiterhin erforderlich.

In der unteren Hälfte des Fensters erkennen Sie den Bereich KOPIEREN. In die Felder des Bereichs geben Sie den gewünschten Namen Ihres neuen Prüfgebiets sowie eine Beschreibung ein. Bestätigen Sie dann Ihre Eingaben. Das Kopieren der Prüfgebiete ist in Abbildung 3.6 bildlich dargestellt.

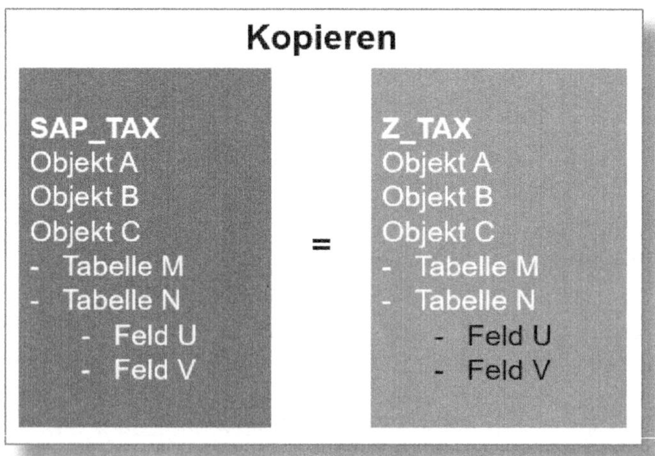

Abbildung 3.6: Prüfgebiete kopieren

Eine weitere Möglichkeit ist das Zusammenführen von Prüfgebieten. Dabei wird ein bestehendes Prüfgebiet um ein weiteres ergänzt, sodass eine Verschmelzung beider Prüfgebiete stattfindet. Der Vorgang erstellt allerdings kein neues Prüfgebiet, sondern erweitert ein Prüfgebiet um die Objektzuordnung eines weiteren Prüfgebiets. Sie können ein bestehendes Prüfgebiet auswählen und es um alle zugeordneten Objekte eines anderen Prüfgebiets erweitern. Das zu erweiternde Prüfgebiet kann als Zielprüfgebiet und das als Erweiterung dienende als Quellprüfgebiet bezeichnet werden.

Um diese Möglichkeit umzusetzen, wählen Sie Ihr Quellprüfgebiet in der Transaktion *ILMARA* aus. Klicken Sie anschließend wie beim Kopieren auf den Button Prüfgebiet kopieren. Nun geben Sie für das Prüfgebiet keinen neuen Namen ein, sondern denjenigen des Prüfgebiets, das Sie erweitern wollen, bzw. Ihr Zielprüfgebiet. Eine Beschreibung ist nicht notwendig, da kein neues Prüfgebiet erstellt wird. Wenn Sie mit »OK« bestätigen, wird ein Fenster eingeblendet. Das Fenster »Abmischen eines Prüfgebiets« soll sicherstellen, dass Sie das bestehende Prüfgebiet mit der Objektzuordnung des zusätzlichen erweitern bzw. abmischen wollen. Bestätigen Sie mit einem Klick auf »JA«, und speichern Sie im Anschluss das Prüfgebiet. Das Zusammenführen der Prüfgebiete ist in Abbildung 3.7 bildlich dargestellt.

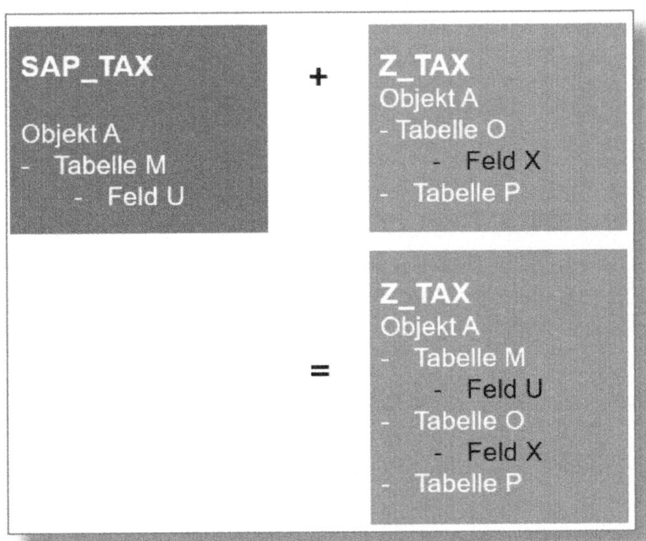

Abbildung 3.7: Prüfgebiete zusammenführen

Objektzuordnung:

Wie Sie bereits erfahren haben, benötigen Sie Prüfgebiete, um Regeln für Aufbewahrungs- und Verweildauern aufzustellen. Die Anlage der Prüfgebiete reicht allerdings allein nicht aus, selbst wenn den Prüfgebieten im SAP-Standard bereits ILM-Objekte zugeordnet sind. Damit die ILM-Objekte in einem Prüfgebiet berücksichtigt werden, müssen Sie deshalb die Objektzuordnung anpassen. Rufen Sie hierfür die Transaktion *ILMARA* auf, um in den Einstieg der Prüfgebiete zu gelangen (siehe Abbildung 3.8).

SAP

Neu Prüfgebiet löschen Prüfgebiet kopieren Transportieren

Prüfgebiete

	Prüfgebiet	Beschreibung Prüfgebiet	Regelwerkkategorie	Regelwerkkategoriebeschreibung
○	ARCHIVING	Datenarchivierung	RST	Verweilregeln
◉	BUPA_DP	Geschäftspartner: EoP-Sperre	RST	Verweilregeln
○	BUPA_DP	Geschäftspartner: EoP-Sperre	RTP	Aufbewahrungsregeln
○	DEMO	Beispielprüfgebiet	RTP	Aufbewahrungsregeln
○	DISPLAY	Anzeige von Daten	RST	Verweilregeln
○	GENERAL	Allgemeine Regeln	RTP	Aufbewahrungsregeln
○	HCM_DP	HCM Datenschutz	RTP	Aufbewahrungsregeln
○	PRODLIABIL	Produkthaftung	RTP	Aufbewahrungsregeln
○	TAX	Steuerrecht	RTP	Aufbewahrungsregeln

Abbildung 3.8: Transaktion ILMARA – Prüfgebiete

Wählen Sie ein Prüfgebiet aus, für das Sie eine Objektzuordnung durchführen möchten. In unserem Beispiel wählen wir die Regelwerkkategorie *Verweilregeln* für das Prüfgebiet *BUPA_DP* aus.

Wechseln Sie mit einem Klick auf den Button Bearbeiten in den Bearbeitungsmodus der Transaktion *ILMARA* (siehe Abbildung 3.9). Nun suchen Sie das ILM-Objekt, das Sie zuordnen möchten. Hierbei können Sie den Filter-Button nutzen, um Ihr Objekt per Suchbegriff schneller zu finden. Anschließend wählen Sie in der Zeile des ILM-Objekts die Spalte Objektzuordnung an – diese ist aufgrund der Skalierung in der

Abbildung 3.9 mit O. abgekürzt. Haben Sie das gewünschte ILM-Objekt angewählt, sichern Sie Ihre Einstellung mit einem Klick auf den Button Sichern. Sie haben das ILM-Objekt Ihrem Prüfgebiet erfolgreich zugeordnet. Wie in Abbildung 3.9 sichtbar, wird Ihr Objekt dem Prüfgebiet mit der Anwahl in der Spalte Objektzuordnung bzw. O. zugeordnet.

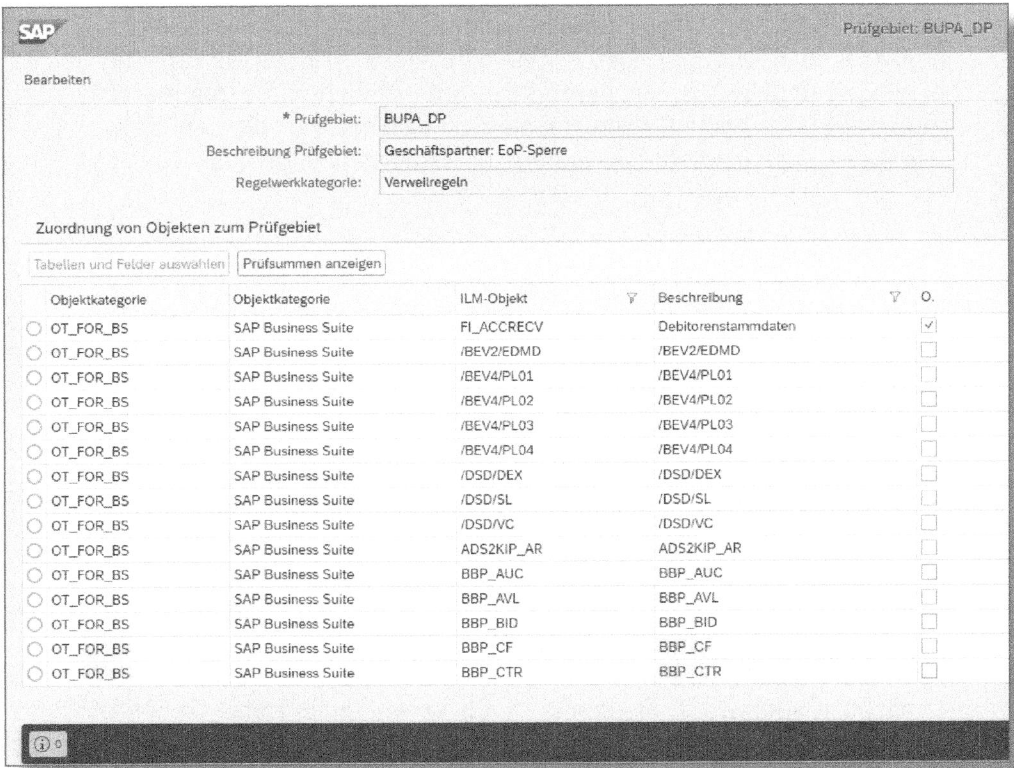

SAP — Prüfgebiet: BUPA_DP

Bearbeiten

* Prüfgebiet: BUPA_DP

Beschreibung Prüfgebiet: Geschäftspartner: EoP-Sperre

Regelwerkkategorie: Verweilregeln

Zuordnung von Objekten zum Prüfgebiet

Tabellen und Felder auswählen | Prüfsummen anzeigen

Objektkategorie	Objektkategorie	ILM-Objekt	Beschreibung	O.
OT_FOR_BS	SAP Business Suite	FI_ACCRECV	Debitorenstammdaten	☑
OT_FOR_BS	SAP Business Suite	/BEV2/EDMD	/BEV2/EDMD	☐
OT_FOR_BS	SAP Business Suite	/BEV4/PL01	/BEV4/PL01	☐
OT_FOR_BS	SAP Business Suite	/BEV4/PL02	/BEV4/PL02	☐
OT_FOR_BS	SAP Business Suite	/BEV4/PL03	/BEV4/PL03	☐
OT_FOR_BS	SAP Business Suite	/BEV4/PL04	/BEV4/PL04	☐
OT_FOR_BS	SAP Business Suite	/DSD/DEX	/DSD/DEX	☐
OT_FOR_BS	SAP Business Suite	/DSD/SL	/DSD/SL	☐
OT_FOR_BS	SAP Business Suite	/DSD/VC	/DSD/VC	☐
OT_FOR_BS	SAP Business Suite	ADS2KIP_AR	ADS2KIP_AR	☐
OT_FOR_BS	SAP Business Suite	BBP_AUC	BBP_AUC	☐
OT_FOR_BS	SAP Business Suite	BBP_AVL	BBP_AVL	☐
OT_FOR_BS	SAP Business Suite	BBP_BID	BBP_BID	☐
OT_FOR_BS	SAP Business Suite	BBP_CF	BBP_CF	☐
OT_FOR_BS	SAP Business Suite	BBP_CTR	BBP_CTR	☐

Abbildung 3.9: Zuordnung von ILM-Objekten zum Prüfgebiet

Die Objektzuordnung eines ILM-Objekts kann in mehreren Prüfgebieten aktiviert sein, sofern Ihre individuellen Anforderungen dies erfordern. Mit dem Setzen des Kennzeichens zur Objektzuordnung in mindestens einem Prüfgebiet aktivieren Sie im Schreiblauf des jeweiligen ILM-Objekts die ILM-Aktionen im Schreibprogramm der Transkation *SARA*.

3.1.2 Regelwerke

Die Verwaltung der Datenlebenszyklen erfolgt in SAP ILM mithilfe von Regeln, die in den Regelwerken definiert werden. Anhand der vergebenen Regeln ermittelt das System die Aufbewahrungs- sowie Verweildauern und ferner den Ablageort der Archivdateien sowie die Archivhierarchie. Ein Regelwerk ordnet angelegte Regeln einem ILM-Objekt und den dazugehörigen Daten innerhalb eines Prüfgebiets zu. Sie benötigen Regelwerke, um spezifische Anforderungen für Daten und Aufbewahrungsregeln für verschiedene ILM-Objekte zu vergeben. Das Regelwerk stellt eine höhere Ordnung der einzelnen Regeln dar.

Regelwerkkategorie

Im Retention Management gibt es gemäß den Regelwerkkategorien von SAP ILM zwei Arten von Regeln: die Aufbewahrungs- und die Verweilregeln.

Mit der Aufbewahrungsdauer bestimmen Sie, wie lange Daten archiviert bleiben, bevor sie endgültig gelöscht werden. Die Aufbewahrungsdauer beginnt mit dem Ende der Verwendung von Anwendungsdaten im Rahmen ihrer Zweckbestimmung. Zugleich setzt mit ihr in SAP ILM die Sperrzeit ein, sofern die Daten gemäß der DSGVO einer Sperre unterliegen. Sie können die Aufbewahrungsdauer erweitern, wenn die Daten innerhalb des Archivs für zusätzliche Jahre aufbewahrt werden sollen. Vergewissern Sie sich in diesem Fall jedoch, dass die Daten auch tatsächlich aufbewahrt werden dürfen bzw. welche Einschränkungen es gibt, wenn ein Personenbezug vorliegt. In der Transaktion *IRMPOL* pflegen Sie die Aufbewahrungsdauer (für nähere Informationen hierzu siehe Abschnitt 3.2). Das *Aufbewahrungsregelwerk* fasst mehrere *Aufbewahrungsregeln* zusammen. Es dient der Unterscheidung von Aufbewahrungsregeln, die den gleichen ILM-Objekten zugeordnet sind. So lassen sich mit ihrer Hilfe beispielsweise länderspezifische Aufbewahrungsregeln bündeln.

Die zweite Art der Regeln sind die *Verweilregeln*. Sie geben Antwort auf die Frage, wie lange Daten für ein bestimmtes Objekt innerhalb der Datenbank verbleiben sollen, bis sie archiviert werden. Mithilfe der

Verweilregeln bestimmen Sie also die Residenzzeit der Daten. Im Laufe des Datenlebenszyklus werden Daten in der Regel so lange in der Datenbank gehalten, bis sie keiner Verwendung mehr unterliegen. Die DSGVO schreibt vor, dass personenbezogene Daten nur in einer Datenbank gespeichert bleiben dürfen, wenn es eine Zweckbestimmung, also einen Grund dafür gibt. Die Verweildauer definiert demnach die Zeit vom Ende eines Geschäftsvorgangs (EoB) bis zum Ende des ursprünglichen Verwendungszwecks (EoP). Nach Ablauf der maximalen Residenzzeit für Daten eines ILM-Objekts werden diese schließlich archiviert, gesperrt oder sofort gelöscht. Mithilfe der Regelwerke stellen Sie die Verweildauer Ihrer Daten ein. Wie Sie die ILM-Regeln zur Verweildauer einstellen, erfahren Sie in Abschnitt 3.2.

Objektkategorie

Beim Anlegen der ILM-Regelwerke werden Sie außer mit Prüfgebieten und Regelwerkkategorien noch mit den Objektkategorien konfrontiert. Diese dienen der Bündelung der ILM-Objekte je nach ihrem Anwendungsgebiet. Grundsätzlich wird für Anwendungsdaten, die im Rahmen der DSGVO personenbezogene Daten enthalten, die Objektkategorie »SAP Business Suite« genutzt. Die zweite Objektekategorie, »Papierdokumente«, nutzt man für Belege in Papierform. Objektkategorien sind zur Pflege von Regeln ein obligatorisches Auswahlfeld in den ILM-Regelwerken.

Anlegen von Regelwerken

Möchten Sie ein Regelwerk anlegen, nutzen Sie hierfür die Transaktion *IRMPOL*. Sie gelangen in die erste Selektionsmaske ILM-Regelwerke. Die vier Eingabefelder, die Sie dort ausfüllen müssen, haben wir bereits behandelt:

- Regelwerkkategorie
- Objektkategorie
- Prüfgebiet
- ILM-Objekt

Beachten Sie bei der Anlage von Regelwerken, dass das ILM-Objekt, das ein Regelwerk erhalten soll, einem Prüfgebiet zugeordnet ist. Haben Sie dies erledigt, klicken Sie auf den Button Neu, um ein neues Regelwerk für Ihre Selektion zu erzeugen. Sie gelangen sodann in das neue Regelwerk, müssen zuvor jedoch Ihre *Bedingungsfelder* anwählen. Sie dienen Ihnen bei der Pflege der ILM-Regeln als Selektionskriterien, mit denen Sie die Dateneingrenzung vornehmen. Die verfügbaren Bedingungsfelder werden Ihnen auf der linken Seite angezeigt. Durch Markieren und anschließendes Transportieren über die beiden Pfeiltasten < > können Sie die Bedingungsfelder für Ihr Regelwerk aus- oder wieder abwählen (siehe Abbildung 3.10).

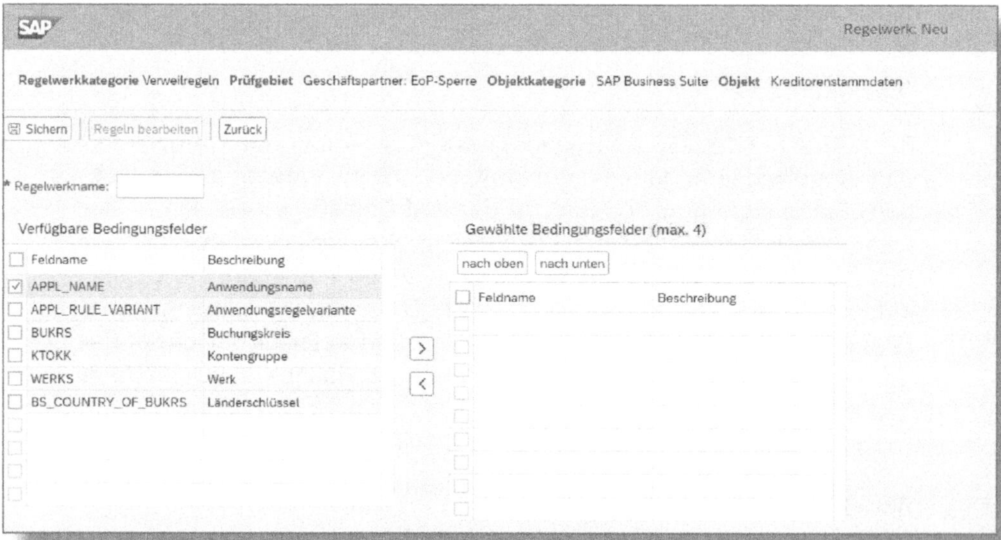

Abbildung 3.10: Bedingungsfelder auswählen

Sie können den Feldnamen sowie die dazugehörige Beschreibung des Bedingungsfeldes in der Selektion ablesen. Beachten Sie bitte, dass Sie maximal vier Bedingungsfelder hinzufügen können, die sich je nach ILM-Objekt unterscheiden. Es stehen Ihnen demzufolge nicht immer dieselben Bedingungsfelder zur Verfügung.

Nehmen wir an, das Regelwerk soll mit den Bedingungsfeldern Anwendungsname, Anwendungsregelvariante und Buchungskreis ausgestattet werden. Was genau Anwendungsnamen und Anwendungsregelvarianten sind, werden wir Ihnen im Abschnitt 3.2.2 detailliert erklären. Nach Auswahl der Bedingungsfelder mithilfe der Pfeiltasten sollte die Selektion aussehen wie in Abbildung 3.11.

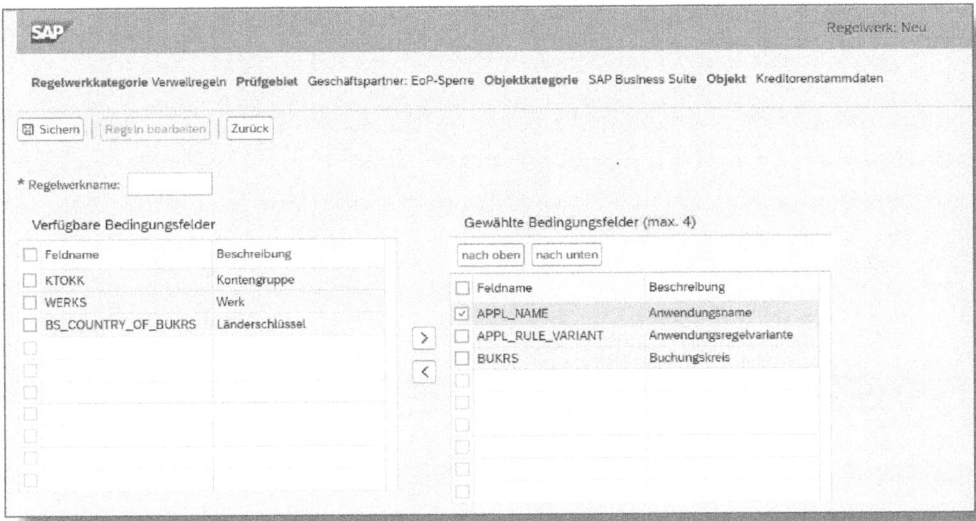

Abbildung 3.11: Bedingungsfelder – Auswahl

Nun braucht das Regelwerk noch einen entsprechenden Namen. Wir möchten es *Z_ILM_PAYB* nennen. Wir empfehlen Ihnen, sich am Namen des jeweiligen ILM-Objekts zu orientieren und davor einen Platzhalter oder die Abkürzung »ILM« zu setzen. So können Sie später zuordnen, zu welchem ILM-Objekt das Regelwerk gehört. Beispielsweise könnten Sie beim ILM-Objekt FI_DOCUMNT den Regelwerknamen ILM_FI_DOC vergeben. Klicken Sie anschließend auf den Button [Sichern]. Nun haben Sie das Regelwerk erfolgreich generiert und können die Pflege Ihrer ILM-Regeln vornehmen (siehe Abbildung 3.12).

Nach dem Sichern können Sie die Regeln bearbeiten, indem Sie auf den Button [Regeln bearbeiten] klicken, der in Abbildung 3.11 noch ausgegraut war.

Im linken Bereich werden sodann die Bedingungen aufgeführt. Der rechte Bereich wird um die Definitionen ergänzt, die Sie in der Regelpflege noch kennenlernen werden. Achten Sie darauf, dass Sie je nach Anwendungsfall eine passende Auswahl der Bedingungsfelder vornehmen. Wie Sie die Regeln pflegen, erfahren Sie in Abschnitt 3.2.

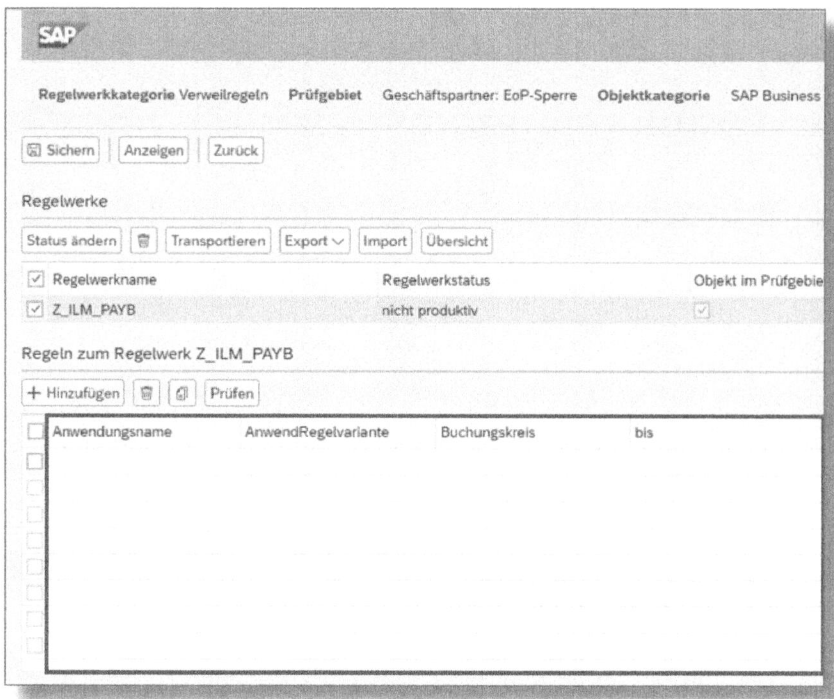

Abbildung 3.12: Aufteilung der Bedingungsfelder

3.1.3 Vereinfachung der Regelpflege

Sie haben nun ein Verständnis davon, wofür Prüfgebiete und Regelwerke definiert werden. Wenn Sie jedoch versuchen abzuschätzen, wie viele Prüfgebiete und ILM-Objekte für jede Regel benötigt werden, kann dies zu einer großen Anzahl von erforderlichen Regelwerken führen. Die manuelle Erstellung von Regeln wäre sehr zeitaufwendig. Für die Vereinfachung der Regelpflege können Sie *Regelgruppen* und *Objekt-*

gruppen anlegen. Wir werden uns nachfolgend den Regel- und Objektgruppen widmen.

In diesem Abschnitt spielt hauptsächlich die Transaktion *IRM_CUST_CSS* eine Rolle. Mit dem Einstieg (siehe Abbildung 3.13) möchten wir Ihnen die Grundlagen erklären.

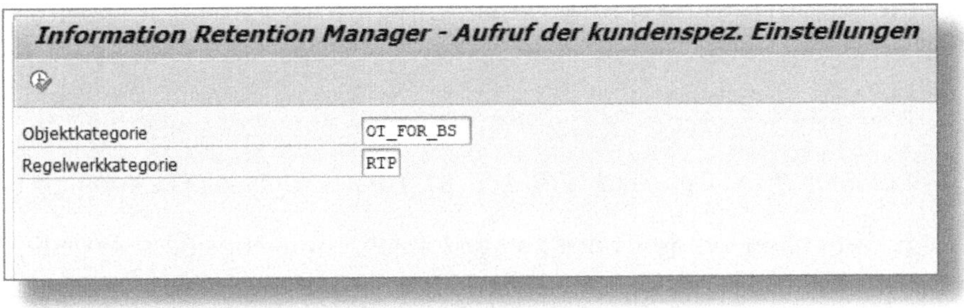

Abbildung 3.13: Transaktion IRM_CUST_CSS – Einstieg

Wie Sie erkennen, können Sie zwischen Objekt- und Regelwerkkategorien selektieren. Im Standard von SAP sind die aus Abbildung 3.14 ersichtlichen Objektkategorien (OBJEKTKAT.) vorhanden.

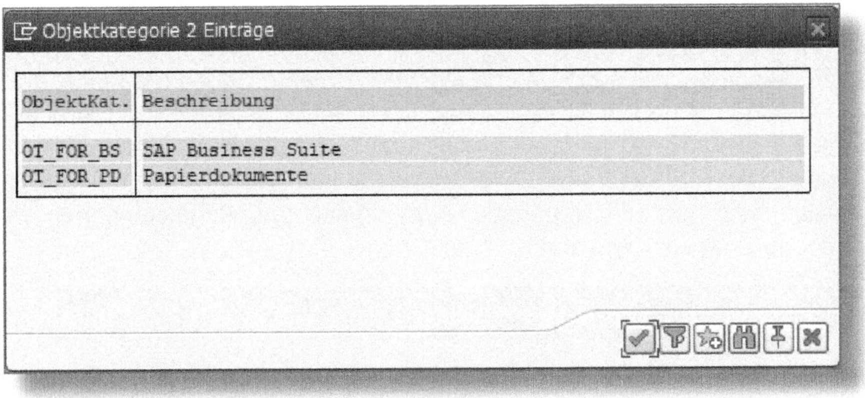

Abbildung 3.14: Transaktion IRM_CUST_CSS – Objektkategorien

Des Weiteren stehen Ihnen die in Abbildung 3.15 gezeigten Regelwerkkategorien (REGELW.KAT) zur Verfügung.

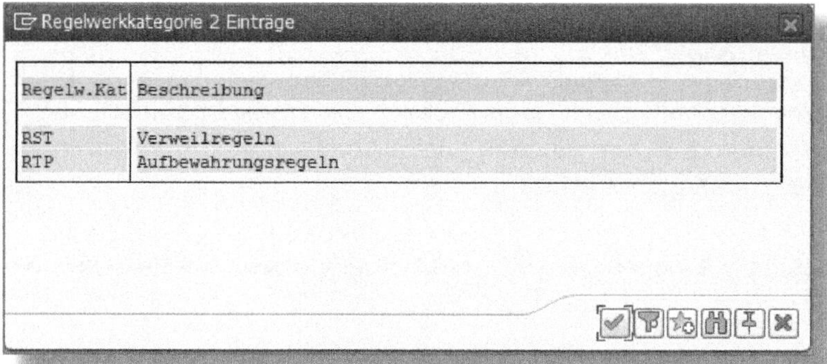

Abbildung 3.15: Transaktion IRM_CUST_CSS – Regelwerkkategorien

Im Folgenden werden wir Ihnen die Objekt- und Regelgruppen erläutern.

Objektgruppen

Eine Objektgruppe ist eine Sammlung von ILM-Objekten, die die gleichen Charakteristika der Ergebnisseite einer Aufbewahrungs- oder Verweilregel aufweisen. Sie dient dazu, eine Gruppe von ILM-Objekten zusammenzufassen, um sie einfacher verwalten zu können. Um eine Objektgruppe zu erstellen, müssen Sie festlegen, welche ILM-Objekte zu dieser Gruppe gehören und wie viele Objektgruppen Sie insgesamt benötigen. Eine Objektgruppe hat einen Geltungsbereich, der sich auf eine bestimmte Kombination von Objektkategorie und Regelwerkkategorie bezieht. Beachten Sie jedoch, dass jedes ILM-Objekt nur einmal einer bestimmten Kombination von Objekt- und Regelwerkkategorie zugeordnet werden kann.

Gruppierung nach Modulen

Wir empfehlen Ihnen, ILM-Objekte nach Modulen in Objektgruppen zusammenzufassen – beispielsweise alle Objekte aus dem FI-Bereich. Meist sind die Regeln zur Verweil- sowie Aufbewahrungsdauer innerhalb ein und desselben Moduls sehr ähnlich, weshalb dieses Vorgehen eine beliebte Methode der Objektgruppierung ist.

Um eine Objektgruppe anzulegen, führen Sie die folgenden Schritte durch:

1. Öffnen Sie in der Transaktion *IRM_CUST_CSS* die ILM-kundenspezifischen Einstellungen und wählen Sie die OBJEKTKATEGORIE und REGELWERKKATEGORIE aus, für die Sie die Objekt- und Regelgruppen anlegen oder bearbeiten möchten (siehe Abbildung 3.13). Führen Sie die Transaktion mit Ihrer Selektion aus.

2. Im nächsten Schritt wählen Sie in der DIALOGSTRUKTUR links den Eintrag OBJEKTGRUPPE aus und klicken auf den Button , um in den Bearbeitungsmodus zu wechseln (siehe Abbildung 3.16). Die Leiste mit den Buttons erweitert sich, und Sie gelangen in die Sicht zum Ändern der Objektgruppe (siehe Abbildung 3.17).

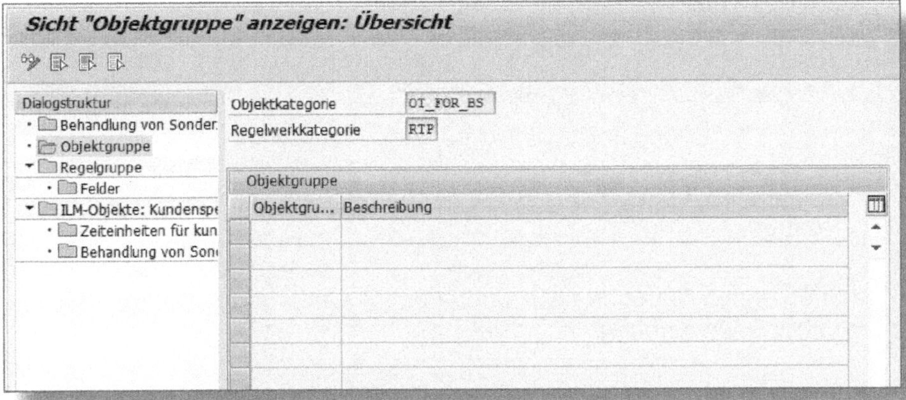

Abbildung 3.16: Objektgruppen anzeigen

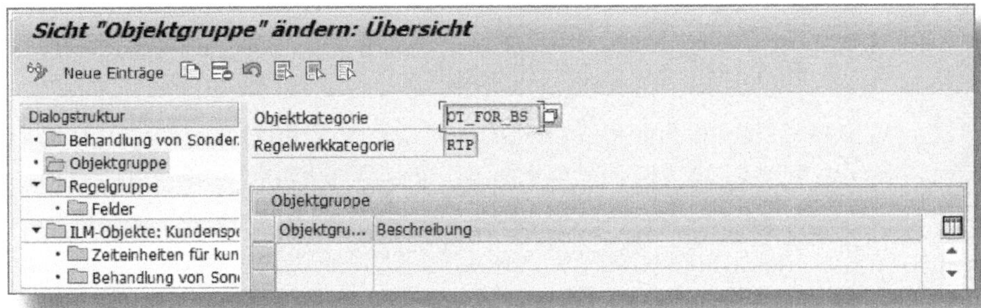

Abbildung 3.17: Objektgruppen ändern

3. Klicken Sie dann auf den Button Neue Einträge, um einen neuen Eintrag zu erstellen.

4. Geben Sie nun in der Spalte OBJEKTGRUPPE den Namen Ihrer Objektgruppe ein, in unserem Fall *ESP_TUT*, und tragen Sie in der Spalte BESCHREIBUNG einen passenden Text dazu ein (siehe Abbildung 3.18).

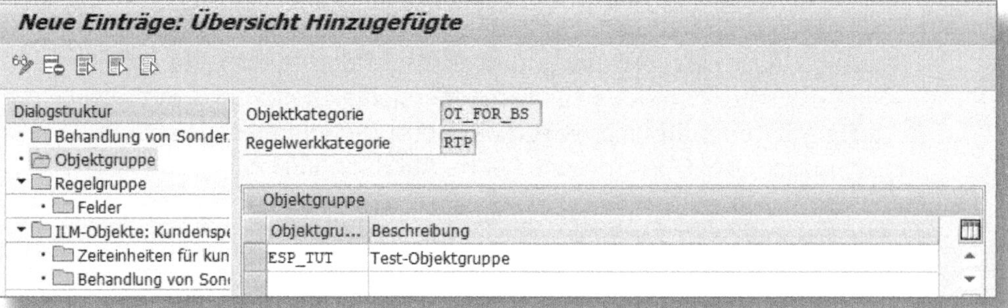

Abbildung 3.18: Angelegte Objektgruppen – Übersicht

5. Nachdem Sie die Eingaben ausgefüllt haben, sichern Sie Ihre Eingaben.

Nun erkennen Sie unter OBJEKTGRUPPE Ihre angelegte Objektegruppe mit ihrer Beschreibung.

Damit ist Ihre Objektegruppe angelegt, ohne ILM-Objekte jedoch noch nicht funktionstüchtig. Deshalb ist Ihre nächste Aufgabe, ihr **ILM-Objekte zuzuordnen**:

1. Rufen Sie (falls Sie sie nicht ohnehin noch geöffnet haben) erneut die Transaktion *IRM_CUST_CSS* auf.

2. Wählen Sie im linken Bereich der DIALOGSTRUKTUR den Eintrag ILM-OBJEKTE: KUNDENSPEZIFISCHE EINSTELLUNGEN aus, wechseln Sie wie im vorherigen Vorgang in den Bearbeitungsmodus und klicken Sie auf Neue Einträge (siehe Abbildung 3.19).

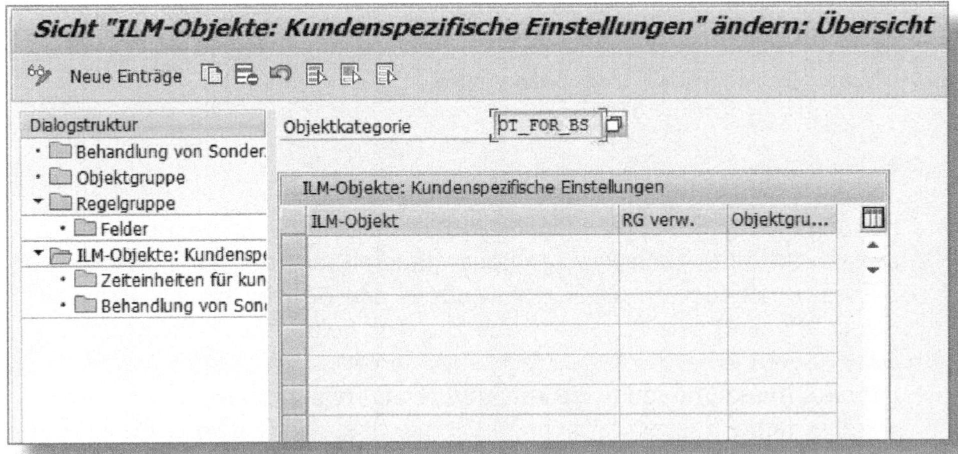

Abbildung 3.19: ILM-Objekte – kundenspezifische Einstellungen

3. Geben Sie in der entsprechenden Spalte das gewünschte ILM-OBJEKT ein. Wählen Sie dann in der Spalte OBJEKTGRU... diejenige Objektgruppe aus, der das Objekt zugeordnet werden soll.

4. Sobald Sie die erforderlichen Eingaben getätigt haben, speichern Sie diese ab. In unserem Beispiel haben wir für die Zuordnung das ILM-Objekt *FI_ACCRECV* gewählt (siehe Abbildung 3.20).

Abbildung 3.20: Hinzugefügte ILM-Objekte – Übersicht

Sie haben nun das ausgewählte ILM-Objekt Ihrer Objektgruppe zugeordnet. In der Übersicht erkennen Sie die ILM-Objekte sowie die Objektgruppe, der sie jeweils zugeordnet sind.

Regelgruppen

Neben den Objektgruppen können Sie zur Vereinfachung der Regelvergabe in SAP ILM auch Regelgruppen nutzen. Diese beziehen sich auf die Auswahlfelder der Definitionsseite in den Regeln der ILM-Regelwerke und sind eine Zusammenfassung von Feldern bzw. Feldwerten einer Regel, die bei der Regelpflege automatisch übernommen werden. Für die Übernahme muss die entsprechende Regelgruppe zugewiesen werden. Regelgruppen haben den Vorteil, dass sie Regeln standardisieren, um die Regelpflege zu vereinfachen und zu beschleunigen. Sie fassen identische Zusammenstellungen von Informationen wie Aufbewahrungszeit, Zeitbezug oder ILM-Ablage auf der Ergebnisseite der Regeln zusammen.

Wenn Sie z. B. in einer Reihe von Regeln eine Aufbewahrungszeit von zwei Jahren brauchen, vereinigen Sie diese Regeln zu einer Regelgruppe und übernehmen das Feld »Aufbewahrungszeit« in die Gruppe. Dann brauchen Sie dieses Feld nicht mehr für jede Regel einzeln, sondern nur noch einmal für die gesamte Gruppe zu pflegen.

Insbesondere bei der Darstellung gesetzlicher und organisatorischer Aufbewahrungsverpflichtungen in den Regelwerken des IRM sind Regelgruppen nützlich. Meistens unterliegen verschiedene Regelwerke gleichen regulatorischen Anforderungen.

Zum Anlegen einer Regelgruppe begeben Sie sich in die Transaktion *IRM_CUST_CSS* (siehe Abbildung 3.13).

1. Nachdem Sie die Transaktion mit Ihrer entsprechenden OBJEKTKATEGORIE- und REGELWERKKATEGORIE-Auswahl ausgeführt haben, wählen Sie im Menü unter der Dialogstruktur dieses Mal den Reiter REGELGRUPPE (siehe Abbildung 3.21).

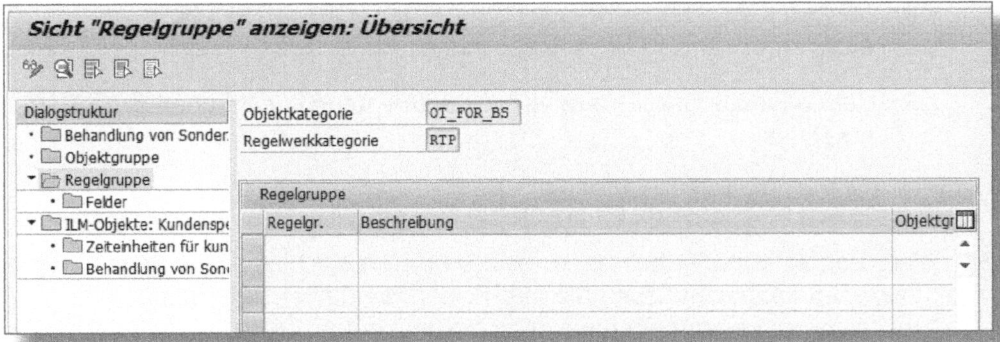

Abbildung 3.21: Transaktion IRM_CUST_CSS – Regelgruppen

2. Haben Sie die Regelgruppe ausgewählt, wechseln Sie mit einem Klick auf zum Bearbeitungsmodus. Nun erscheint der Button Neue Einträge. Klicken Sie darauf. Sie sehen das Fenster aus Abbildung 3.22.

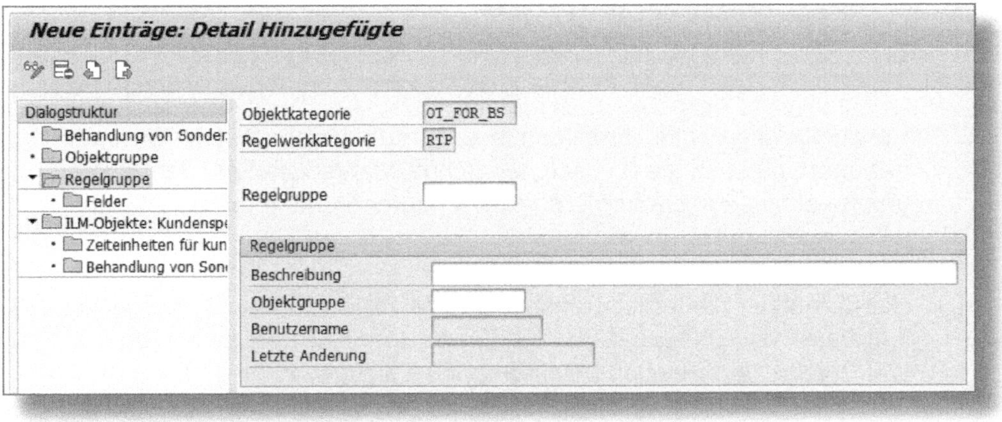

Abbildung 3.22: Transaktion IRM_CUST_CSS – Anlegen einer Regelgruppe

3. Bestimmen Sie, welche Bezeichnung Sie der Regelgruppe geben möchten. Achten Sie darauf, sinnvolle Namen zu vergeben, sodass eine Wiedererkennung möglich ist. Tragen Sie den Namen in das Feld REGELGRUPPE ein.

4. Beschreiben Sie Ihre Regelgruppe zusätzlich im Feld Beschreibung unter der Kategorie Regelgruppe.

5. Geben Sie die Objektgruppe ein, der Ihre neue Regelgruppe zugehören soll.

6. Sichern Sie Ihre Regelgruppe.

Ihre Regelgruppe ist hiermit erstellt. Damit Sie ihr bestimmte Regeln zuweisen können, müssen Sie ihre Felder allerdings noch konfigurieren, da diese im Moment noch ohne Inhalte sind.

1. Hierfür klicken Sie in der Transaktion *IRM_CUST_CSS* unter dem Reiter Regelgruppe auf Felder.

2. Klicken Sie auf Neue Einträge und wählen Sie Ihre Regelgruppe aus.

3. Unter den Feldern sehen Sie die Ergebnis-Feldnamen und die dazugehörigen Feldwerte. Tragen Sie die Feldwerte gemäß Ihren entsprechenden Regeln ein.

4. Sichern Sie Ihre Felder.

Haben Sie die Felder Ihrer Regelgruppe erfolgreich konfiguriert und gesichert, müssen Sie im nächsten Schritt die Verwendung der Regelgruppe aktivieren, damit die dort hinterlegten Regeln auf die ILM-Objekte angewandt werden können.

Hierfür nutzen Sie in der Transaktion *IRM_CUST_CSS* den Menüpunkt ILM-Objekte: Kundenspezifische Einstellungen. Dort sehen Sie die ILM-Objekte und welchen Objektgruppen sie zugeordnet sind.

Zwischen den beiden Spalten ILM-Objekt sowie Objektgruppe befindet sich die Spalte RG verw. (siehe Abbildung 3.19). Die Abkürzung steht für »Regelgruppe verwenden« und stellt ein anwählbares Feld dar. Um eine Regelgruppe für ein ILM-Objekt nutzen zu können, müssen Sie dieses Feld aktivieren und Ihre Eingaben sichern.

Sie haben mit Ausführung dieser Schritte eine Regelgruppe erstellt, das dazugehörige Customizing gepflegt und die Verwendung der Regelgruppe veranlasst.

In der Transaktion *IRMPOL* zur Verwaltung der Regelwerke werden Sie nun die Änderungen sehen, die Ihre Customizings bewirkt haben. Sie erkennen dort sodann, dass sich rechts der Spalte Berechtigungsgruppe nun eine neue Spalte mit der Bezeichnung Regelgruppe befindet. Wenn Sie Ihre Regelgruppe auswählen, werden alle Felder rechts dieser Spalte automatisch befüllt, wie Sie es in Ihrem System eingestellt haben. Die Regelpflege wird mit Nutzung der Regelgruppen also stark vereinfacht.

Wir empfehlen Ihnen auch bei der Nutzung von Regelgruppen eine sorgfältige Planung bereits **vor** der Konzeption. Es ist wichtig zu bestimmen, wie Ihre Ergebnisseite aussehen soll. Hierfür müssen Sie entscheiden, welche Felder Ihrer jeweiligen Regeln mit welchen Werten hinterlegt werden sollen. Des Weiteren sollten Sie die Anzahl Ihrer Regelgruppen berücksichtigen und eine sinnvolle Namensgebung wählen.

3.2 ILM-Regeln pflegen

Nachdem Sie nun das Anlegen der Regelwerke und die wichtigen Begriffe kennengelernt haben, möchten wir Ihnen die Pflege der Verweilregeln für die Sperrung, der Verweilregeln für die Archivierung und der Aufbewahrungsregeln erklären.

3.2.1 Bedienung der Transaktion IRMPOL

Um in die Pflege Ihres Regelwerks zu gelangen, wechseln Sie in die Transaktion *IRMPOL* (siehe Abbildung 3.23).

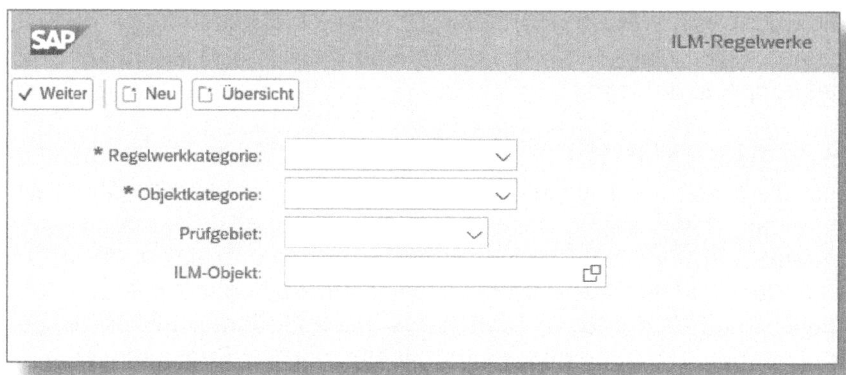

Abbildung 3.23: Transaktion IRMPOL – Einstieg

Wie beim Anlegen eines Regelwerks füllen Sie auch hier die Eingabefelder für Ihren Anwendungsfall aus. Haben Sie REGELWERKKATEGORIE, OBJEKTKATEGORIE, PRÜFGEBIET sowie ILM-OBJEKT eingetragen, klicken Sie auf den Button Weiter. Damit werden Sie in das ILM-Regelwerk Ihrer Auswahl geführt und können die Pflege der Regeln vornehmen.

Am Beispiel der Kreditorenstammdaten FI_ACCPAYB möchten wir Ihnen die grundlegenden Funktionen und das Bedienen der ILM-Regeln erklären. Ein Regelwerk für die Verweilregeln für das ILM-Objekt FI_ACCPAYB haben wir bereits gemeinsam in Abschnitt 3.1.2 angelegt.

Wählen Sie zu diesem Zweck deshalb in der Transaktion *IRMPOL* das Regelwerk *FI_ACCPAYB* für die Verweilregeln im Prüfgebiet *BUPA_DP* aus und klicken Sie auf den Button ✓ Weiter, um in die Regeln des Regelwerks zu gelangen. Ihre Auswahl sollte aussehen wie in Abbildung 3.24.

Im Bearbeitungsmodus sehen Sie nun die Regeln innerhalb des Regelwerks, die Sie pflegen können. Hierbei werden Ihnen alle Bedingungsfelder zur Selektion bereitgestellt, die Sie in Ihrem Regelwerk gepflegt haben (siehe Abbildung 3.25).

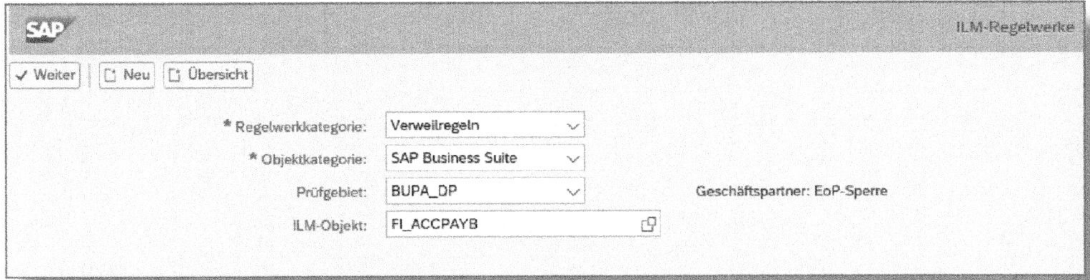

Abbildung 3.24: Transaktion IRMPOL – Auswahl des Regelwerks

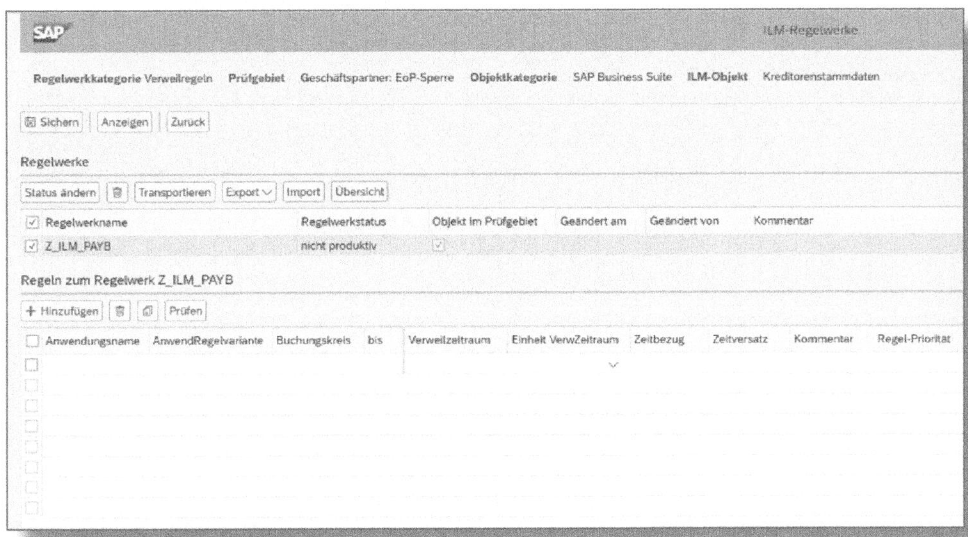

Abbildung 3.25: ILM-Regelwerk Z_ILM_PAYB – Einstieg

Status des Regelwerks

Sie können über den Button Status ändern den Status Ihres Regelwerks *produktiv* oder *nicht produktiv* schalten. Den aktuellen Status für Ihr Regelwerk sehen Sie in der Tabelle unter REGELWERKSTATUS (siehe Abbildung 3.26).

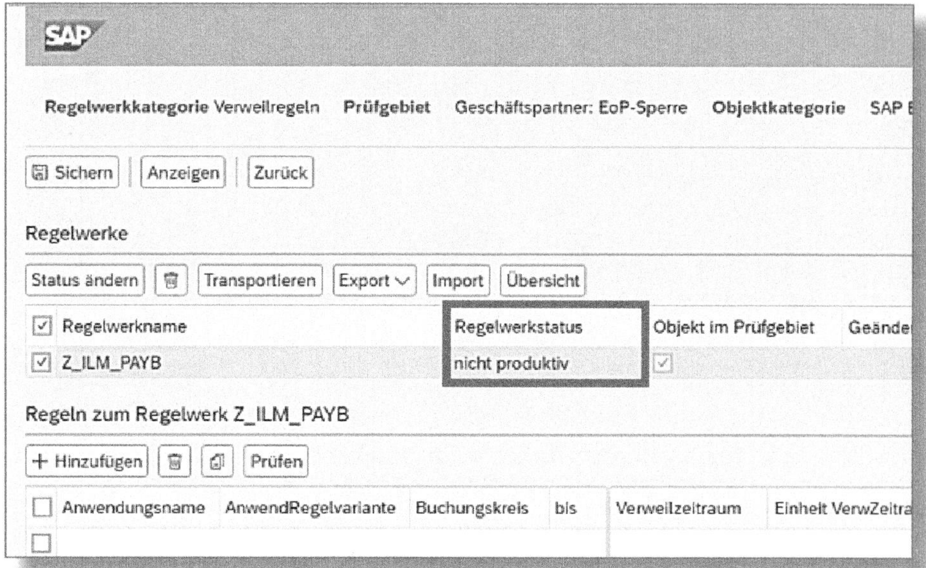

Abbildung 3.26: ILM-Regelwerk – Status

Löschen

Des Weiteren lassen sich Regeln aus dem Regelwerk löschen. Hierzu markieren Sie eine Regel und klicken anschließend auf den Button .

> **! Den richtigen Lösch-Button verwenden**
>
> Achten Sie darauf, dass Sie den richtigen Button wählen, da in der Maske zwei Lösch-Buttons zur Verfügung stehen. Der obere dient der Löschung des gesamten Regelwerks, der untere lediglich für die jeweils markierten Regeln innerhalb des Regelwerks (siehe Abbildung 3.27).

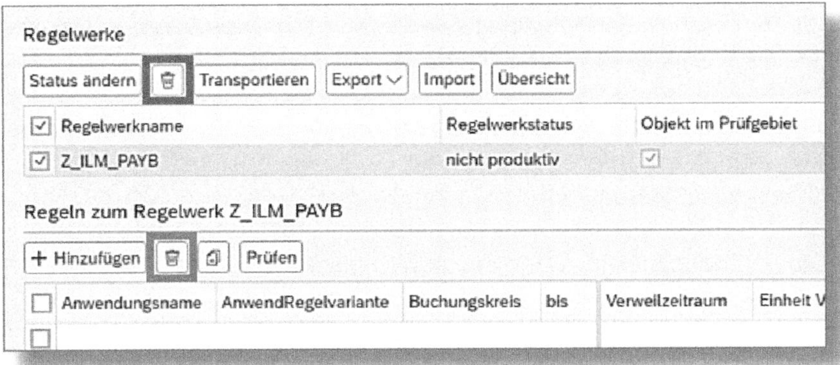

Abbildung 3.27: Löschen von Regelwerken und Regeln

Die Abfrage, ob Sie diesen Vorgang durchführen wollen, müssen Sie dann bestätigen.

Regeln importieren und exportieren

Sie können Regeln und Regelwerke aus anderen Systemen importieren sowie Regeln und Regelwerke dorthin exportieren. Hierfür nutzen Sie die beiden Buttons Export und Import. Import und Export der Regeln erfolgen in XML-Formaten, in denen Sie Regeln auch über die Anwendung Excel bearbeiten können.

Regelpflege

Nun kommen wir zur eigentlichen Pflege der ILM-Regeln. Sie finden diese im untersten Bereich des Fensters, der sich REGELN ZUM REGELWERK nennt, ergänzt um den Namen des Regelwerks, in dem Sie sich gerade befinden (siehe Abbildung 3.27). Sie erkennen, dass sich in diesem Bereich eine Tabelle mit verschiedenen Spalten befindet. Dabei handelt es sich um die Bedingungsfelder, die Sie bereits kennengelernt haben. In der Transaktion *IRMPOL* können Sie die ILM-Regeln innerhalb dieser Tabelle pflegen. Oberhalb der Tabelle werden Ihnen Buttons mit den folgenden Funktionen bereitgestellt:

Mit [+ Hinzufügen] legen Sie eine neue Regel für Ihr Regelwerk an. Es wird eine neue Zeile in der Tabelle Ihrer Regeln erstellt.

Mit [Löschen] können Sie wie in der Bearbeitung der Regelwerke erstellte Regeln wieder entfernen. Dazu markieren Sie die gewünschte Regel und klicken anschließend auf den Lösch-Button.

Zudem finden Sie eine Funktion zum Kopieren von Regeln. Um eine Regel zu kopieren und diese zu überarbeiten, klicken Sie auf [Kopieren]. Das ist beispielweise dann hilfreich, wenn Sie verschiedene Regeln einrichten möchten, die leicht veränderte Bedingungen anwenden sollen.

Möchten Sie sich die ILM-Regeln außerhalb von *IRMPOL* anzeigen lassen, können Sie dies über die Transaktion *SARA (Archivadministration)* durchführen. Dafür müssen Sie die Archivdatei finden, zu der Sie die Regeln einsehen möchten. Mit einem Rechtsklick auf die Archivdatei gelangen Sie über den Punkt ANGEWENDETE REGELN auf die Anzeige der Regelwerke und Regeln.

Hierfür muss natürlich eine Archivdatei mit ILM-Regeln vorhanden sein. Sie wird erstellt, sobald Sie einen Archivierungslauf durchführen, auf den ILM-Regeln angewandt werden.

3.2.2 Verweilregeln für die Sperre (BUPA_DP)

In SAP ILM gibt es für das Prüfgebiet BUPA_DP (Business Partner Data Privacy) sowohl die Regelwerkkategorie der Verweilregeln als auch die der Aufbewahrungsregeln. Bei der Pflege von Verweilregeln für BUPA_DP geht es um das Sperren der Geschäftspartnerstammdaten. Das Prüfgebiet für BUPA_DP sollten Sie nicht kopieren und bearbeiten, sondern die im SAP-Standard gelieferten Voreinstellungen nutzen. Aus Sicht des Datenlebenszyklus ist mit den Verweilregeln bei BUPA_DP die Zeit zwischen dem End of Business (EoB) und dem End of Purpose

(EoP) gemeint. Das Sperren der Geschäftspartnerstammdaten erfolgt nach diesem Zeitraum, womit die Einhaltung der DSGVO gewährleistet wird. Die Verweilregeln im Prüfgebiet BUPA_DP kontrollieren, ob die angegebene Verweildauer verstrichen ist und ob vergebene Regeln angewandt werden dürfen.

Zu den Verweilregeln für die Sperre kommt in SAP ILM eine weitere Funktion von großer Bedeutung. Wir haben Ihnen bereits erläutert, dass das EoP das Ende der Verarbeitung im Rahmen des Verwendungszwecks definiert. Für die Sperre von Stammdaten gibt es zur Prüfung auf das Ende des Verwendungszwecks deshalb die zusätzliche Funktion *EoP-Check*. Sie prüft, welche Stammdaten gesperrt werden dürfen und wie diese Sperre verteilt wird. Es wäre nicht sinnvoll, wenn Stammdaten, beispielsweise die eines Kunden, gesperrt würden, obwohl noch offene Geschäftsvorfälle im System vorhanden sind. Deshalb ist die Bestätigung, dass dies nicht der Fall ist, eine der beiden Anforderungen bei der Sperre von Stammdaten. Die andere ist der Ablauf der gepflegten Verweildauer.

Für BUPA_DP gilt in diesem Prüfgebiet die Angabe der Verweildauer nur für die folgenden vier ILM-Objekte:

- *CA_BUPA* (Geschäftspartner)
- *FI_ACCRECV* (Debitorenstammdaten)
- *FI_ACCPAYB* (Kreditorenstammdaten)
- *FI_ACCKNVK* (Ansprechpartner)

In Abbildung 3.28 erkennen Sie, dass beispielsweise das ILM-OBJEKT der Debitorenstammdaten *FI_ACCRECV* unserem Prüfgebiet *BUPA_DP* zugeordnet wurde.

Haben Sie Ihr Prüfgebiet entsprechend gepflegt, begeben Sie sich in die Transaktion *IRMPOL*, um Ihr ILM-Regelwerk für das Prüfgebiet *BUPA_BP* zu pflegen.

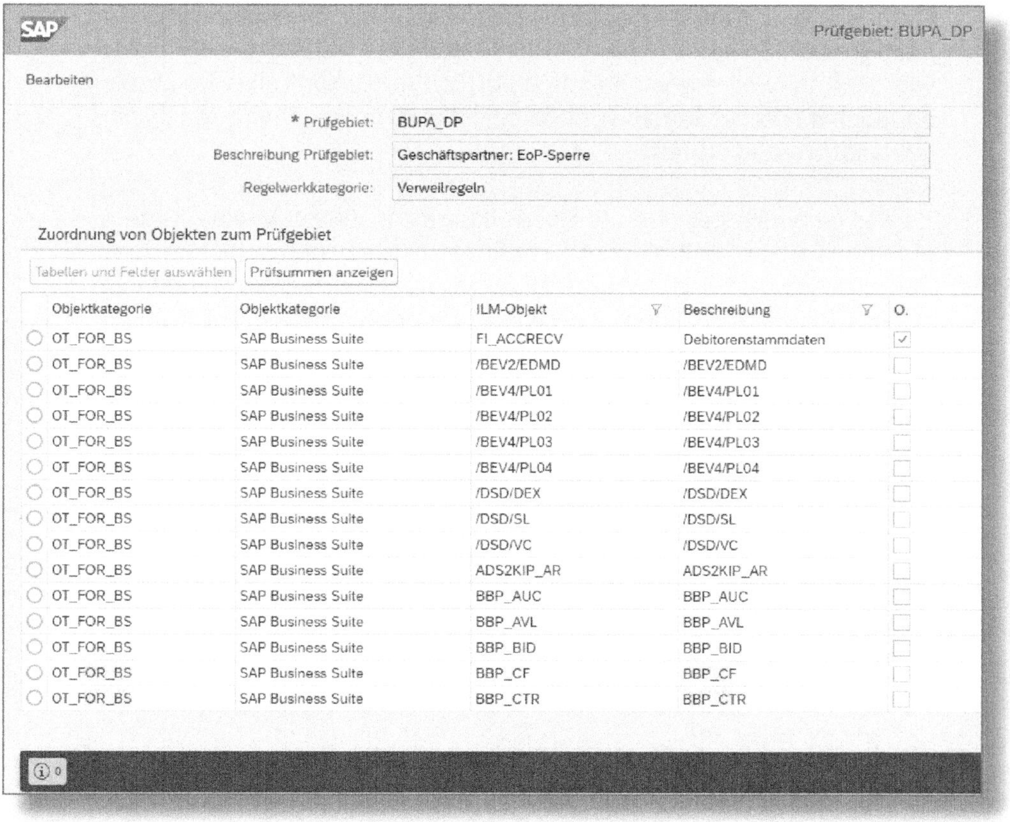

SAP Prüfgebiet: BUPA_DP

Bearbeiten

* Prüfgebiet: BUPA_DP

Beschreibung Prüfgebiet: Geschäftspartner: EoP-Sperre

Regelwerkkategorie: Verweilregeln

Zuordnung von Objekten zum Prüfgebiet

Tabellen und Felder auswählen | Prüfsummen anzeigen

Objektkategorie	Objektkategorie	ILM-Objekt	Beschreibung	O.
OT_FOR_BS	SAP Business Suite	FI_ACCRECV	Debitorenstammdaten	✓
OT_FOR_BS	SAP Business Suite	/BEV2/EDMD	/BEV2/EDMD	
OT_FOR_BS	SAP Business Suite	/BEV4/PL01	/BEV4/PL01	
OT_FOR_BS	SAP Business Suite	/BEV4/PL02	/BEV4/PL02	
OT_FOR_BS	SAP Business Suite	/BEV4/PL03	/BEV4/PL03	
OT_FOR_BS	SAP Business Suite	/BEV4/PL04	/BEV4/PL04	
OT_FOR_BS	SAP Business Suite	/DSD/DEX	/DSD/DEX	
OT_FOR_BS	SAP Business Suite	/DSD/SL	/DSD/SL	
OT_FOR_BS	SAP Business Suite	/DSD/VC	/DSD/VC	
OT_FOR_BS	SAP Business Suite	ADS2KIP_AR	ADS2KIP_AR	
OT_FOR_BS	SAP Business Suite	BBP_AUC	BBP_AUC	
OT_FOR_BS	SAP Business Suite	BBP_AVL	BBP_AVL	
OT_FOR_BS	SAP Business Suite	BBP_BID	BBP_BID	
OT_FOR_BS	SAP Business Suite	BBP_CF	BBP_CF	
OT_FOR_BS	SAP Business Suite	BBP_CTR	BBP_CTR	

Abbildung 3.28: ILM-Objekte im Prüfgebiet BUPA_DP

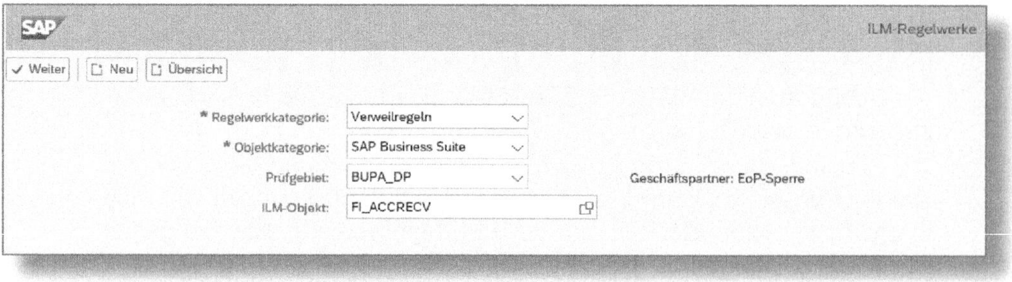

SAP ILM-Regelwerke

✓ Weiter | Neu | Übersicht

* Regelwerkkategorie: Verweilregeln

* Objektkategorie: SAP Business Suite

Prüfgebiet: BUPA_DP — Geschäftspartner: EoP-Sperre

ILM-Objekt: FI_ACCRECV

Abbildung 3.29: Transaktion IRMPOL – Einstieg

In der Transaktion wählen Sie die folgenden Felder aus (siehe Abbildung 3.29):

- als REGELWERKKATEGORIE die *Verweilregeln*
- als OBJEKTKATEGORIE die *SAP Business Suite*
- als PRÜFGEBIET das vorher eingerichtete *BUPA_DP*
- das entsprechende ILM-OBJEKT, in unserem Beispiel die Debitorenstammdaten *(FI_ACCRECV)*

Wenn Sie noch kein ILM-Regelwerk für dieses ILM-Objekt erstellt haben, klicken Sie auf den Button Neu. Gibt es bereits ein ILM-Regelwerk, so können Sie auch den Button ✓ Weiter betätigen und das bestehende Regelwerk bearbeiten.

Wir gehen hier davon aus, dass für unser Beispielobjekt noch kein ILM-Regelwerk existiert. Mit dem Button Neu gelangen wir in die Anlage eines neuen Regelwerks. Hier vergeben wir einen REGELWERKNAMEN (hier: *ESP_TUT*) und wählen unsere gewünschten BEDINGUNGSFELDER aus (siehe Abbildung 3.30).

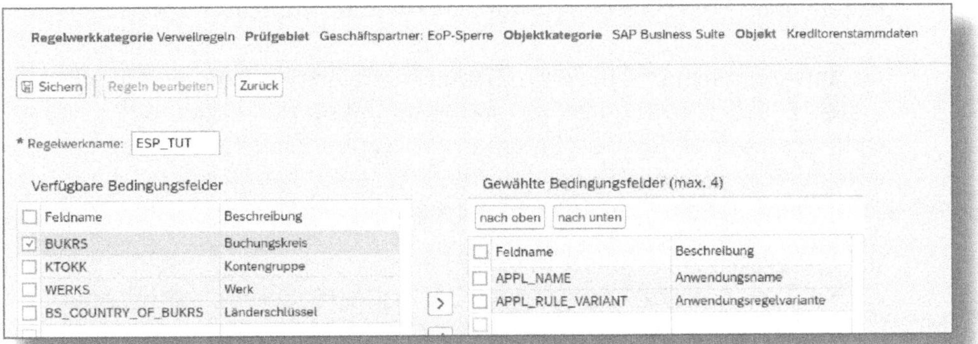

Abbildung 3.30: ILM-Regelwerk – Bedingungsfelder pflegen

Mit den Bedingungsfeldern werden die Selektionskriterien für ILM-Regeln bestimmt. Die Felder dienen also als Instrument zur Eingrenzung der Daten. So können Sie die Parameter in der Weise vergeben, dass beispielsweise lediglich der BUCHUNGSKREIS 1000 betrachtet wird und das System die angegebenen Verweilregeln nur auf das entsprechende Datensegment anwendet. Zudem können Sie weitere Felder hinzunehmen, um Ihre Eingrenzung zu verfeinern.

Wir möchten im Folgenden auf die Bedingungsfelder Anwendungsregelvariante und Anwendungsname genauer eigehen.

Alle Bedingungsfelder, die hier importiert werden, werden aus der Transaktion *IRM_CUST* bezogen. Das Customizing bestimmt die möglichen Bedingungsfelder des ILM-Objekts.

Anwendungsname

Der Anwendungsname ist ein Bedingungsfeld innerhalb einer Regel bei der Sperrung von Stammdaten. Wie Sie bereits wissen, ist für die Regelpflege ein entsprechendes Prüfgebiet erforderlich, in der Stammdatensperre ist dies BUPA_DP. Diesem Prüfgebiet ordnen Sie ein ILM-Objekt zu, in dem eine Stammdatensperre erfolgen soll. Möchten Sie einen Stammdatensatz sperren, muss der Status des dazugehörigen Regelwerks produktiv gesetzt werden. Das Regelwerk benötigt mindestens eine Regel, die den Anwendungsnamen enthält.

Der Anwendungsname dient der Bestimmung der Verweildauer für die Sperre. Er ist das Kriterium für die Bestimmung des Endes des Verwendungszwecks für Geschäftspartner, Kunden/Debitoren, Lieferanten/Kreditoren sowie Ansprechpartner. Jede der hierfür eingesetzten Anwendungen hat einen Anwendungsnamen, der für die jeweilige Verweildauer gepflegt werden kann:

- Das (Archivierungs-)Objekt CA_BUPA (Geschäftspartner) hat den Anwendungsnamen BUP.
- Das (Archivierungs-)Objekt FI_ACCREV (Debitorenstammdaten) hat den Anwendungsnamen ERP_CUST.
- Das (Archivierungs-)Objekt FI_ACCPAYB (Kreditorenstammdaten) hat den Anwendungsnamen ERP_VEND.
- Das (Vernichtungs-)Objekt FI_ACCKNVK (Ansprechpartner) hat den Anwendungsnamen ERP_CONTACT_PERSON.

Zu Stammdaten gibt es gewöhnlich Bewegungsdaten, die in SAP-Systemen erfasst und verarbeitet werden. Mit dem ILM-Regelwerk können die zu bestimmten Stammdaten gehörenden Bewegungsdaten durch die Vergabe von Regeln berücksichtigt werden. Bewegungsdaten werden Anwendungsnamen zugeordnet, die sich auf die jeweiligen Stammdaten bzw. deren ILM-Objekte beziehen. So bekommen MM-Bewegungsdaten für Kreditorenstammdaten den Anwendungsnamen ERP_MM zugeteilt. Geben Sie einem Regelwerk neben der Regel mit dem Anwendungsnamen ERP_VEND eine zusätzliche Regel mit dem Anwendungsnamen ERP_MM, werden die Regeln erst angewandt, sofern keine offenen Geschäftsvorfälle mit dem Kreditor vorhanden sind und seit dem Ausgleich des letzten MM-Belegs mindestens die angegebene Verweildauer verstrichen ist.

Beispielsweise sollen Kreditorenstammdaten gesperrt werden, wenn alle FI-Belege abgeschlossen und mindestens sechs Monate seit Abschluss des letzten FI-Belegs bzw. des Geschäftsvorfalls verstrichen sind. Zusätzlich sollen mindestens zwölf Monate verstreichen, wenn der letzte MM-Beleg abgeschlossen ist.

Sie würden die Regeln im ILM-Regelwerk dann so definieren wie aus Tabelle 3.1 ersichtlich.

Anwendungsname	Verweildauer	Einheit Verweildauer
ERP_VEND	1	Tag
ERP_FI	6	Monat
ERP_MM	12	Monat

Tabelle 3.1: Beispielregeln für Anwendungsnamen

Sie können die Verweildauer in den Regelwerken für die Verwaltung der ILM-Objekte für jeden Anwendungsnamen individuell festlegen. Dies bezieht sich sowohl auf den Namen des Stammdatenobjekts selbst (z. B. ERP_VEND, Kreditorenstammdaten im ERP) als auch auf den Anwendungsnamen der Bewegungsdaten, die das Stammdatenobjekt verwenden (z. B. ERP_FI, Finanzbuchhaltung). Auf diese Weise kann Ihr Regelwerk beliebig komplex gestaltet werden.

In der Praxis bedeutet dies, dass das EoP von Stammdaten von den damit zusammenhängenden Bewegungsdaten abhängig ist.

Sie können ein Regelwerk mit beliebig vielen Zeilen einrichten, um die gewünschten Verweilzeiten für bestimmte Stammdaten und die zugehörigen Bewegungsdaten zu hinterlegen. Das EoP ist dann erreicht, wenn die Verweildauer für jeden Anwendungsnamen abgelaufen ist, für den Bewegungsdaten zu den jeweils definierten Stammdaten vorhanden sind. Wenn es im System jedoch Stammdaten gibt, für die keine Bewegungsdaten vorliegen, gibt die Verweildauer an, wann diese Stammdaten (nach der Erstellung oder letzten Änderung) gesperrt werden sollen. Aus diesem Grund muss das Regelwerk mindestens die Verweildauer für den Anwendungsnamen der Stammdaten selbst enthalten.

Vereinfacht ausgedrückt, werden die Verweilregeln für die Sperre BUPA_DP also in zwei Schritten abgearbeitet: Zuerst wird geprüft, ob alle Geschäftsvorfälle der Stammdaten abgeschlossen sind und keine offenen Vorgänge vorliegen. Danach prüft SAP ILM, ob die in den Regelwerken gepflegte Verweildauer abgelaufen ist. Erst nach Erfüllung dieser beiden Voraussetzungen werden die Regeln für die Sperre angewandt.

Anwendungsregelvariante

Ein weiteres Selektionskriterium unter den Bedingungen des ILM-Regelwerks ist die Anwendungsregelvariante (ARV). Sie stellt eine zusätzliche Prüfung im Rahmen der EoP-Logik dar und ist, ebenso wie der Anwendungsname, nur für die Objekte CA_BUPA, FI_ACCPAYB, FI_ACCRECV und FI_ACCKNVK verfügbar. Bei der Anwendungsregelvariante handelt es sich um ein optionales Bedingungsfeld, das sowohl für die Verweildauer als auch für die Aufbewahrungsdauer verwendet werden kann. Das Customizing der Anwendungsregelvariante verläuft nach dem gleichen Prinzip wie die Zusammenführung der Regelgruppen, die wir Ihnen in Abschnitt 3.1.3 erläutert haben, und die Handhabung des Anwendungsnamens. Sie können mit einer Anwendungsregelvariante bestimmen, welchen spezifischen Organisationsentitäten verschiedene Regeln zugeordnet werden. In der Praxis bedeutet dies, dass Sie beispielsweise für eine Organisationseinheit, einen Buchungskreis etc. separate Regeln aufstellen können, die allerdings mit demselben Geschäftspartner, Kreditor, Debitor oder Ansprechpartner verbunden sind. Um Ihnen dies zu veranschaulichen, möchten wir einen Beispielfall beschreiben:

Sie haben einen Kreditor, der in verschiedenen Buchungskreisen auftaucht. Er soll in Ihrem SAP-System gesperrt werden, allerdings in verschiedenen Buchungskreisen nach unterschiedlichen Verweildauern. Damit Sie die Verweildauern unterschiedlich pflegen können, nutzen Sie die Anwendungsregelvarianten. Sie möchten, dass Ihr Kreditor im Buchungskreis 2000 24 Monate nachdem alle FI- und SD-Belege abgeschlossen worden sind und kein offener Geschäftsvorfall vorliegt, gesperrt wird. In Ihrem Buchungskreis 8000 soll dieser Kreditor jedoch bereits nach zwölf Monaten gesperrt werden.

Die Anwendungsregelvarianten bieten Ihnen eine Möglichkeit, Ihre Customizings individuell und beliebig komplex zu gestalten. Mit dieser Vorgehensweise können Sie die Anforderungen in Ihrem Unternehmen je nach Bedarf bedienen. Zu berücksichtigen ist dabei, dass Sie bei der Nutzung der Anwendungsregelvariante den Zeitbezug korrekt definieren.

In Ihrem Regelwerk sollte Ihr Customizing aussehen wie in Abbildung 3.31.

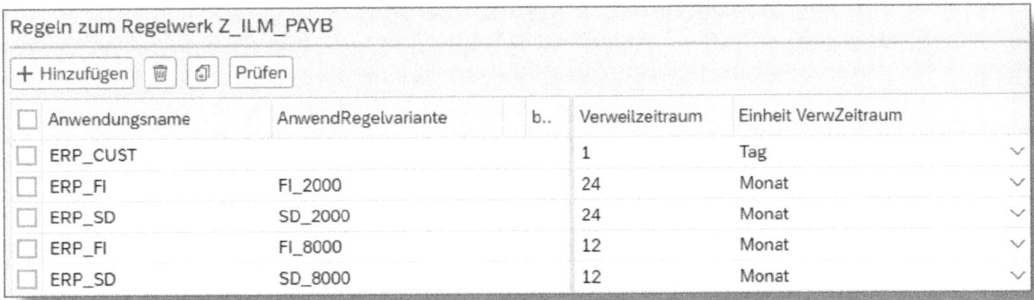

Regeln zum Regelwerk Z_ILM_PAYB

+ Hinzufügen | Prüfen

Anwendungsname	AnwendRegelvariante	b..	Verweilzeitraum	Einheit VerwZeitraum
ERP_CUST			1	Tag
ERP_FI	FI_2000		24	Monat
ERP_SD	SD_2000		24	Monat
ERP_FI	FI_8000		12	Monat
ERP_SD	SD_8000		12	Monat

Abbildung 3.31: Transaktion ILMARA – Anwendungsregelvariante

Ihre Anwendungsregelvarianten können nicht allein deshalb, weil sie im ILM-Regelwerk eingetragen sind, von Ihrem System schon erkannt werden. Sie müssen sie, um sie nutzen zu können, anlegen – ähnlich wie bei den Regelgruppen aus Abschnitt 3.1.3. Hierzu gehen Sie wie folgt vor:

1. Rufen Sie die Transaktion *SPRO* auf.
2. Wählen Sie über die Struktur der Transaktion *SPRO* folgenden Pfad aus: ANWENDUNGSÜBERGREIFENDE KOMPONENTEN • DATA PROTECTION • SPERREN UND ENTSPERREN VON DATEN • LÖSCHEN DES KUNDENSTAMMS/LIEFERANTENSTAMMS • ANWREGELVARIANTEN UND REGELGRUPPEN FÜR PRÜFUNG AUF ENDE DES VWZW. ZUORDNEN.
3. Geben Sie eine ID-ART an, die dem Stammdatentyp Ihrer zu konfigurierenden Anwendungsregelvariante entspricht.
4. Tragen Sie unter ANWENDNAME einen Anwendungsnamen ein, der den Bewegungsdaten des Stammdatentyps entspricht.
5. Unter ANWENDUNGSREGELVARIANTE können Sie eine Bezeichnung für Ihre Anwendungsregelvariante vergeben.
6. In der Spalte REGELGR. tragen Sie eine Regelgruppe ein, die Sie in der Transaktion *IRM_CUST_CSS* gemäß Abschnitt 3.1.3 erstellt haben.
7. In der letzten Spalte können Sie, wie die Spaltenbezeichnung verrät, eine zusätzliche BESCHREIBUNG Ihrer Anwendungsregelvarainte eingeben.

Nach vollständigem Ausfüllen der Felder können Sie Ihre Anwendungsregelvariante sichern und in Ihrem Customizing der ILM-Regelwerke nun verwenden.

Nun definieren Sie die Verweilregeln für die Sperre unter dem Prüfgebiet BUPA_DP. Mit den Inhalten, die Sie hier erlernt haben, können Sie die Vorbereitungen zur Sperre von Stammdaten anhand der Verweilregeln nach Ihren Wünschen konfigurieren. Wir empfehlen Ihnen nochmals, vor Beginn Ihres Vorhabens hinsichtlich der Sperre von Stammdaten eine akkurate Planung aller Anforderungen Ihres ILM-Projekts durchzuführen. Je sorgfältiger Sie Ihr Vorhaben planen, desto einfacher gestaltet sich das Customizing, um die Sperre der Stammdaten Ihres Systems vorzubereiten. Wie Sie Stammdaten sperren, werden wir Ihnen in Kapitel 4 näher erläutern.

3.2.3 Verweilregeln für die Archivierung (ARCHIVING)

Mit dem Prüfgebiet ARCHIVING pflegen Sie die Residenzzeiten. Das Prüfgebiet hat die Beschreibung »Datenarchivierung« und wird zur Vergabe von Verweilregeln für die Archivierung verwendet. Im Schreibprogramm des Archivierungslaufs für zugeordnete ILM-Objekte wird geprüft, ob die bestimmte Verweildauer abgelaufen ist, sodass die Archivierung der Daten im jeweiligen Prüfgebiet möglich wird.

Die vergebenen Regeln zur Aufbewahrung werden von den Prüfgebieten für die ILM-Objekte übernommen. Wenn es um Regeln zur Verweildauer von Daten geht, werden diese nur innerhalb des Bereichs ARCHIVING vererbt. Um sicherzustellen, dass Ihre Daten zur richtigen Zeit archiviert werden, müssen Sie das Prüfgebiet ARCHIVING für die SAP-Datenarchivierung verwenden.

In der klassischen SAP-Datenarchivierung werden die Verweilzeiten in der Transaktion *SARA* gepflegt. Dabei erfolgt die Definition der Verweildauer entweder im Schreiblauf eines Archivierungsobjekts oder im anwendungsspezifischen Customizing, das jedoch nicht für jedes Archivierungsobjekt verfügbar ist. Mit SAP ILM können die Verweilregeln für die Archivierung in den ILM-Regelwerken umgesetzt werden. Das Customizing dieser Regeln erfolgt ähnlich wie in der Pflege der Verweilzeiten für die Sperre im Prüfgebiet BUPA_DP. Da der Ablauf des Customizings in der Transaktion *IRMPOL* sehr ähnlich verläuft wie bei den Verweilregeln für die Sperre im vorherigen Abschnitt, möchten wir Ihnen das Customizing der Verweilregeln für die Archivierung direkt in der praktischen Umsetzung erklären.

! Verfügbarkeit des anwendungsspezifischen Customizings

Beachten Sie, dass es für manche Objekte anwendungsspezifische Customizings in der Transaktion *SARA* gibt. Die Verweilzeiten des anwendungsspezifischen Customizings müssen mit der Verweildauer der Regeln in Ihrem ILM-Regelwerk übereinstimmen, damit die Archivierung problemlos erfolgt.

Einhalten des Verweilzeitraums personenbezogener Daten

Beim Anlegen von Verweilregeln im Prüfungsbereich ARCHIVING müssen Sie sicherstellen, dass personenbezogene Daten vor dem Schreiben in die Archivdatei entsprechend den Verweilregeln der ILM-Regelwerke geprüft und gesperrt werden. Es ist erforderlich, dass der Verweilzeitraum abgelaufen ist, bevor die Daten in die Archivdatei aufgenommen werden können. Die Sperrung der personenbezogenen Daten gilt für alle ILM-Objekte.

Um die Verweilregeln für die Archivierung zu erläutern, möchten wir anhand des Objekts MM_EKKO, das zur Archivierung von Einkaufsbelegen verwendet wird, beispielhaft aufzeigen, wie die Pflege der Regeln funktioniert.

Wir gehen davon aus, dass das ILM-Objekt bereits dem Prüfgebiet ARCHIVING zugeordnet wurde. Sollte dies noch nicht geschehen sein, wäre die Pflege der Verweilregeln bzw. des Regelwerks nicht verfügbar. Wie Sie ein ILM-Objekt einem Prüfgebiet zuordnen, haben Sie in Abschnitt 3.1.1 gelernt. Bei korrekter Zuordnung zum Prüfgebiet ARCHIVING sollte das ILM-Objekt MM_EKKO der Darstellung aus Abbildung 3.32 entsprechen.

Wechseln Sie nun in die Transaktion *IRMPOL*. Sie sehen den bereits bekannten Einstieg (siehe Abbildung 3.33).

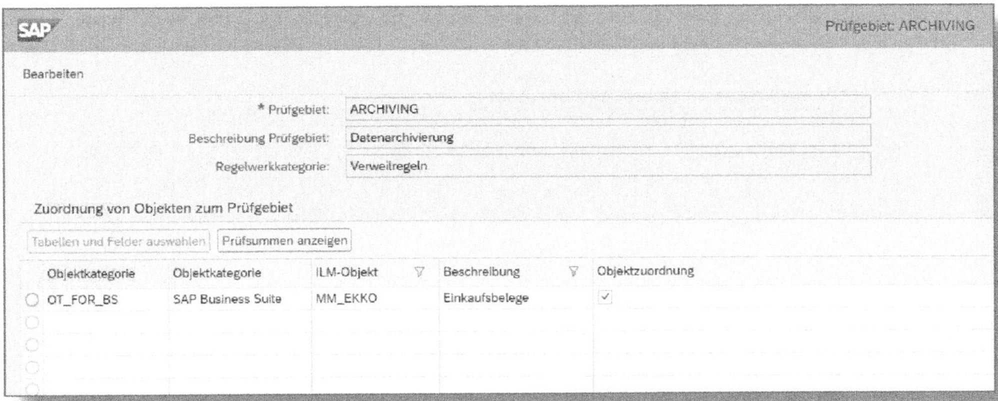

Abbildung 3.32: ILM-Objekt MM_EKKO – Zuordnung zum Prüfgebiet ARCHIVING

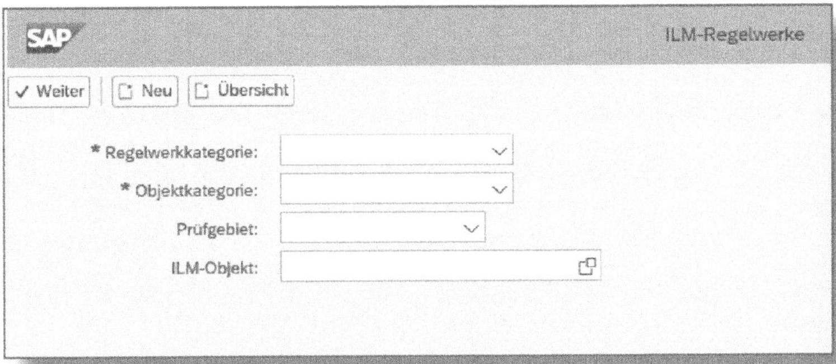

Abbildung 3.33: Transaktion IRMPOL – Einstieg

Um die Verweilregeln zu pflegen, wählen Sie die REGELWERKKATEGORIE *Verweilregeln*. Als OBJEKTKATEGORIE selektieren Sie die *SAP Business Suite*. Je nachdem wie Sie Ihr Regelwerk für die Verweilregeln von MM_EKKO konfiguriert haben, muss die Auswahl des Prüfgebiets Ihrem Objekt entsprechen. Da Sie in diesem Beispiel mit dem SAP-Standard fahren, muss das PRÜFGEBIET *ARCHIVING* sein. Zuletzt wählen wir unser ILM-OBJEKT *MM_EKKO* aus.

Wählen Sie die Objektzuordnung für MM_EKKO an, um das ILM-Objekt dem Prüfgebiet zuzuordnen. In Abbildung 3.32 ist die Objektzuordnung noch nicht angewählt. Wie Sie die Objektzuordnung durchführen, haben Sie bereits gelernt.

Im nächsten Schritt wechseln Sie in die Transaktion *IRMPOL*, um ein Regelwerk für das ILM-Objekt MM_EKKO anzulegen bzw. zu bearbeiten. Tragen Sie die Regelwerkkategorie, die Objektkategorie, das jeweilige Prüfgebiet sowie Ihr ILM-Objekt ein (siehe Abbildung 3.34).

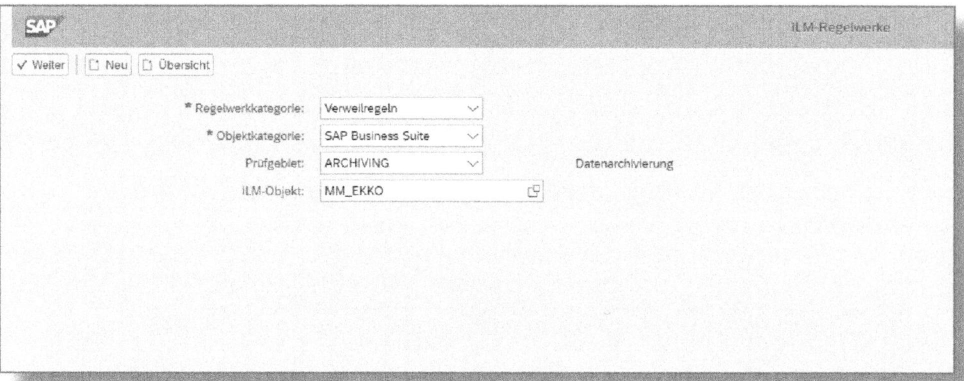

Abbildung 3.34: Transaktion IRMPOL – Regelwerk für MM_EKKO einrichten

Da Sie wahrscheinlich noch kein Regelwerk für das ILM-Objekt eingerichtet haben, müssen Sie mit einem Klick auf den Button Neu ein neues Regelwerk erstellen. Mit der Eingabe werden Ihnen die Verfügbaren Bedingungsfelder angezeigt (siehe Abbildung 3.35).

Wählen Sie hier die Bedingungsfelder aus, die für Ihr Regelwerk des ILM-Objekts verfügbar sein sollen.

Geben Sie Ihrem Regelwerk einen Namen, und klicken Sie im Anschluss den Button Sichern.

Sofern Sie die Meldung erhalten, dass ist Ihr Regelwerk angelegt wurde (siehe Abbildung 3.36), können Sie die Regeln bearbeiten. Dazu klicken Sie den Button Regeln bearbeiten.

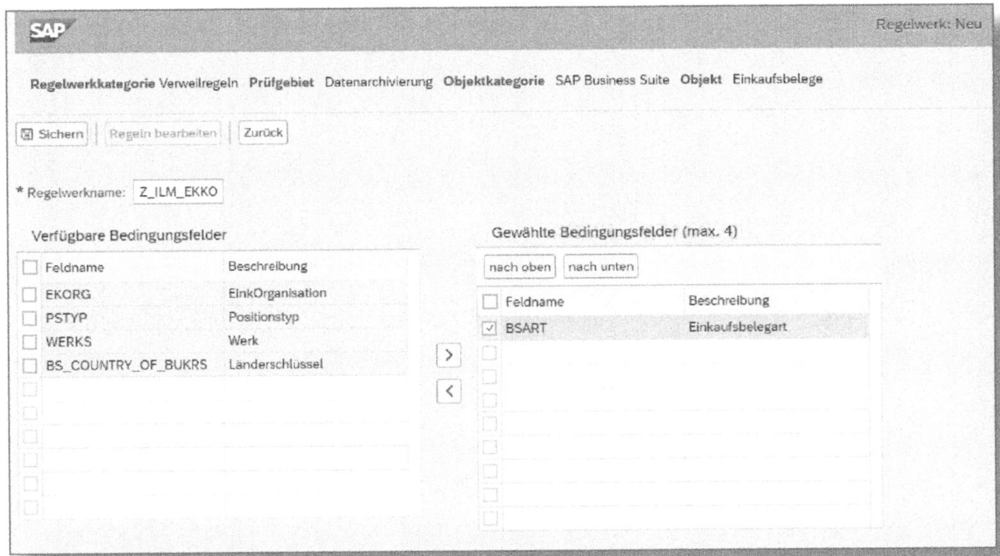

Abbildung 3.35: Regelwerkname und Bedingungsfelder für MM_EKKO definieren

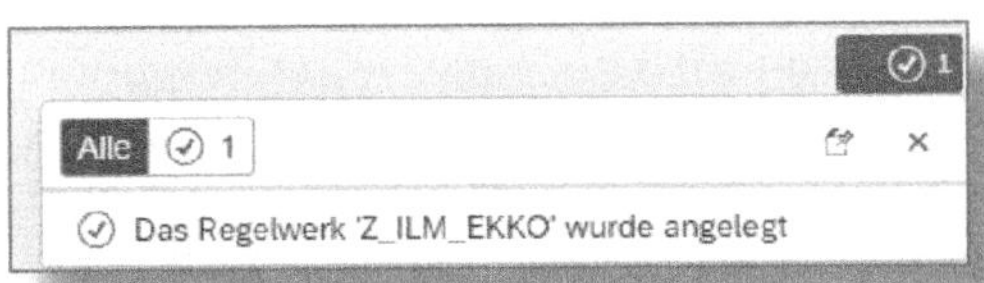

Abbildung 3.36: Regelwerk anlegen – Erfolgsmeldung

Sie gelangen im nächsten Schritt in Ihr ILM-Regelwerk und können dort Regeln definieren, die für die Verweildauer des Objekts MM_EKKO für die Archivierung gelten sollen.

Sie können Ihr Regelwerk nur bearbeiten, wenn dieses inaktiv ist. Sollten Sie Nacharbeiten daran vornehmen wollen, muss also sein REGELWERKSTATUS auf *nicht produktiv* stehen.

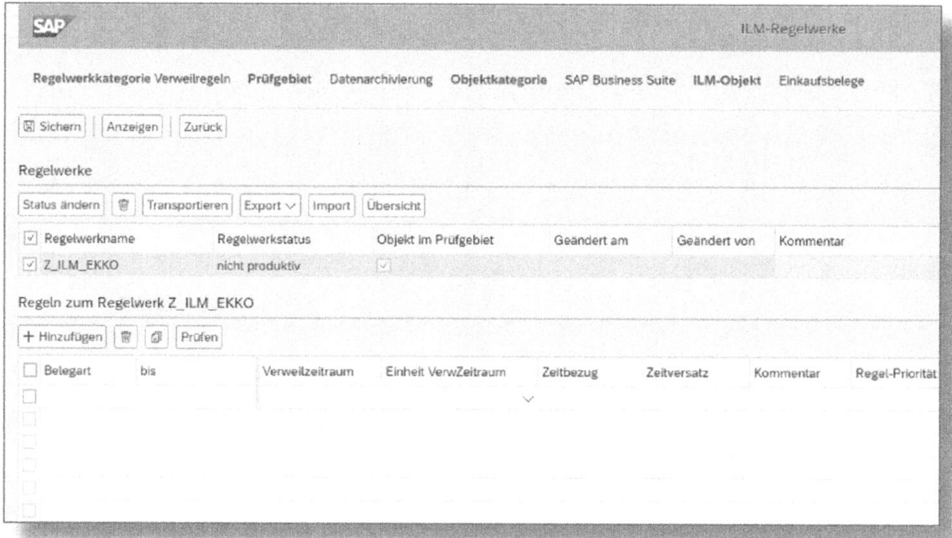

Abbildung 3.37: Übersicht des ILM-Regelwerks von MM_EKKO

In Abbildung 3.37 erkennen Sie, dass Ihnen bei dem ILM-Objekt MM_EKKO auf der Seite der Bedingungsfelder das Kriterium BELEGART als Eingrenzung zur Verfügung steht. Dies trifft zu, wenn unter den Bedingungsfeldern beim Erstellen des Regelwerks (siehe Abbildung 3.35) lediglich dieses angewählt bzw. auf die rechte Seite bewegt wurde. Hier können Sie einzelne Belegarten wählen bzw. welchen Sie Verweilregeln vergeben möchten. Lassen Sie dieses Feld für eine Regel frei, werden alle Belegarten berücksichtigt.

Auf der Definitionsseite stehen Ihnen die weiteren Parameter zur Verfügung, die wir Ihnen nachfolgend erläutern.

VERWEILZEITRAUM:

Die Anwendungsdaten verbleiben auf dem SAP-System, bis ihre ursprüngliche Verwendung nicht mehr erforderlich ist. Im Kontext von SAP ILM bezeichnet der Verweilzeitraum die Residenzzeit von Daten und dient dazu, den Zeitpunkt für eine mögliche Archivierung oder Sperrung festzulegen. Die Verweildauer kann innerhalb von SAP ILM durch Regelwerke definiert werden, die auch bestimmen können, was mit den Daten nach Ablauf der Verweildauer geschieht. Die Pflege der Regelwerke erfolgt durch die Transaktion *IRMPOL*. Es ist zu beachten, dass die Verweildauer je nach ILM-Objekt variieren kann.

EINHEIT VERWZEITRAUM:

Hier definieren Sie, welches Datenformat für die zeitliche Festlegung der Verweildauer angewandt werden soll. Sie können zwischen Tag, Monat und Jahr auswählen.

ZEITBEZUG:

Der Zeitbezug markiert ein bestimmtes Ereignis in der Beleghistorie, das als Ausgangspunkt für die Verweildauer dient, wie beispielsweise das Anlegen des Belegs. Wenn die Regel ausgeführt wird, bestimmt das System anhand des Zeitbezugs das genaue Bezugsdatum, das in diesem Fall das Anlegedatum ist.

ZEITVERSATZ:

In der ILM-Regel geben Sie einen Zeitversatz an. Es handelt sich dabei um die Frist, um die das System bei der Auswertung das ermittelte Bezugsdatum verschiebt. Beispielsweise kann der Zeitversatz den Zeitraum auf das Jahresende verlegen. Das verschobene Bezugsdatum dient als Startdatum für die Berechnung des Zeitraums, für den die Aufbewahrung gelten soll. Entsprechend würde beispielsweise ein Beleg mit dem Datum zum 4. Juli 2023, bei dem der Zeitversatz zum Ende des Jahres festgelegt wurde, einen Beginn der Verweildauer zum 31. Dezember 2023 erhalten.

Für einen beispielhaften Anwendungsfall möchten wir alle Belege für MM_EKKO ein Jahr nach der Erstellung archivieren. Dazu fügen wir dem Regelwerk eine Regel hinzu. Klicken Sie zur Erstellung einer neuen Regel auf den Button + Hinzufügen und geben Sie die entsprechenden Einträge aus dem beispielhaften Anwendungsfall in die vorgesehenen Felder ein (siehe Abbildung 3.38).

Abbildung 3.38: ILM-Regeln im Regelwerk sichern und produktiv setzen

Nach Angabe aller Bedingungen können Sie Ihre Regel speichern und produktiv setzen. Klicken Sie dafür auf den Button Sichern und im Anschluss auf den Button Status ändern, um die Produktivsetzung zu veranlassen. Sie haben Ihr Regelwerk mit der definierten Regel nun erfolgreich eingerichtet und aktiviert.

☛ Anwendungsspezifisches Customizing für MM_EKKO

Bitte beachten Sie, dass das Archivierungsobjekt MM_EKKO ein Vorlaufprogramm zum Setzen eines Löschkennzeichens besitzt. Im anwendungsspezifischen Customizing können Sie Regeln für die Residenzzeit 1 (für das Setzen eines Löschkennzeichens) und die Residenzzeit 2 (zum Schreiben der Archivdatei) pflegen. Mit dem Anlegen einer ILM-Regel kann in SAP ILM momentan nur eine Verweilzeit für das Schreiben mit MM_EKKO gepflegt werden.

3.2.4 Aufbewahrungsregeln definieren (GENERAL)

Zur Definition der Aufbewahrungsregeln für ein ILM-Objekt sind die Prozessschritte erneut ähnlich wie bei der Definition von Verweilregeln für die Archivierung und Sperre. Bevor wir Ihnen Schritt für Schritt zeigen, wie Sie dabei vorgehen, möchten wir den Begriff der Aufbewahrungsdauer erläutern.

Die *Aufbewahrungsdauer* gibt an, wie lange Daten im System oder im Archiv verbleiben, bevor sie endgültig gelöscht werden. Diese Dauer beginnt mit dem Ende des Geschäftsvorfalls (EoB). Wenn Daten gesetzlich gesperrt werden müssen, beginnt mit der Aufbewahrungsdauer auch die Sperrzeit. Unternehmen können die Aufbewahrungsdauer darüber hinaus verlängern und die Daten innerhalb des Archivs für zusätzliche Jahre aufbewahren. Mithilfe der Transaktion *IRMPOL* wird unter der Regelwerkkategorie Aufbewahrungsregeln die Aufbewahrungsdauer festgelegt.

Am Beispiel des ILM-Objekts BC_DBLOGS zeigen wir Ihnen nun, wie Sie Aufbewahrungsregeln definieren. Wir gehen davon aus, dass das Prüfgebiet bereits vorbereitet ist und für BC_DBLOGS verwendet werden kann. In unserem Beispiel werden wir das Prüfgebiet GENERAL aus dem SAP-Standard nutzen.

Im ersten Schritt rufen Sie die Transaktion *IRMPOL* auf und wählen in den einschlägigen Feldern das für BC_DBLOGS vorgesehene Regelwerk der Aufbewahrungsregeln aus, wie in Abbildung 3.39 dargestellt.

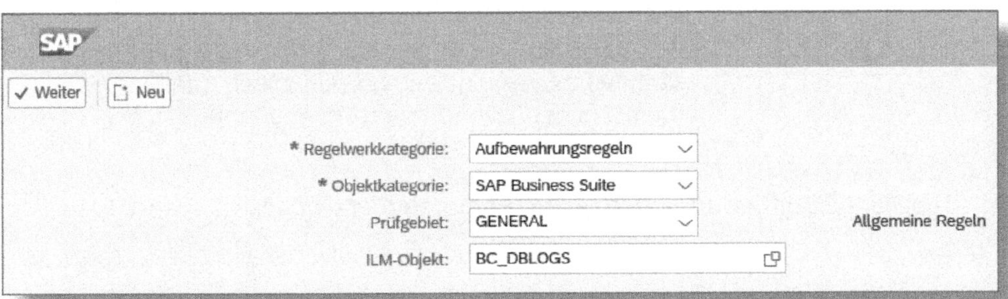

Abbildung 3.39: ILM-Objekt BC_DBLOGS – Anlage ILM-Regelwerk für Aufbewahrungsregel

Sollte für *BC_DBLOGS* in dieser Konstellation mit den *Aufbewahrungsregeln* noch kein Regelwerk vorhanden sein, erstellen Sie ein neues, indem Sie auf den Button [Neu] klicken. Wie Sie ein Regelwerk anlegen, haben Sie in Abschnitt 3.1.2 gelernt.

Die Funktionen der Spalten im Customizing Zeitbezug sowie Zeitversatz (siehe Abbildung 3.40) sind analog zu der Einrichtung von Verweilregeln. Eine Übersicht über die ergänzenden Inhalte gibt Tabelle 3.2.

Parameter	Definition
Berechtigungs-gruppe	Mit der *Berechtigungsgruppe* bearbeiten Sie den Archivzugriff. Die Vergabe einer Berechtigung an bestimmte Gruppen erlaubt es den eingegebenen Rollen, Daten aus dem Archiv zu lesen. Die Konfiguration dieses Feldes sollten Sie bei Bedarf mit entsprechenden Experten abstimmen und den Fachbereich über zukünftige Zugriffsmöglichkeiten informieren.
Min. Aufbew.Zeit-raum	Das Ende des minimalen Aufbewahrungszeitraums gibt den Zeitpunkt an, an dem Daten frühestens gelöscht werden dürfen.
Max. AufbewZeit-raum	Das Ende des maximalen Aufbewahrungszeitraums gibt den Zeitpunkt an, an dem Daten spätestens gelöscht werden müssen.
Einheit AufbZeit-raum	Die Einheit des Aufbewahrungszeitraums definiert, welches Datenformat für die zeitliche Festlegung der Verweildauer angewandt werden soll. Hier kann zwischen Tag, Monat und Jahr ausgewählt werden.
ILM-Ablage	Die ILM-Ablage definiert das Ziel, in dem die Archivdateien abgelegt werden sollen. Die Einrichtung der ILM-Ablage ist in Abschnitt 2.2.2 beschrieben.

Tabelle 3.2: Aufbewahrungsregeln – Parameterdefinitionen

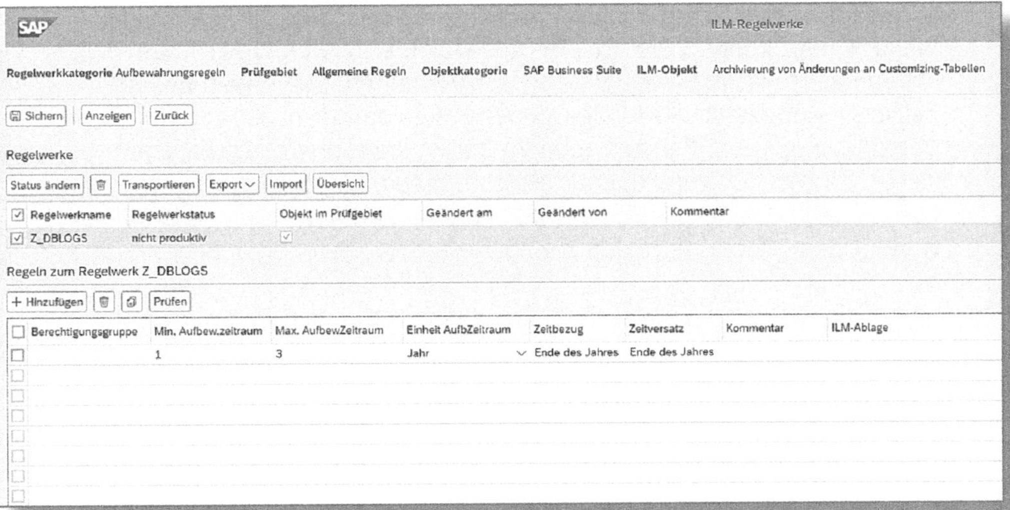

Abbildung 3.40: ILM-Regeln im Regelwerk für die Aufbewahrung

Für einen beispielhaften Anwendungsfall möchten wir alle Belege für *BC_DBLOGS* spätestens drei *(3)* Jahre nach der Ablage im Archiv vernichten. Eine weitere Anforderung ist es, dass die Belege zum *Ende des Jahres* vernichtet werden sollen. Für die Umsetzung der Anforderungen fügen wir dem Regelwerk eine Regel hinzu. Klicken Sie zur Erstellung der neuen Regel auf den Button [+ Hinzufügen], und geben Sie die Einträge zur Erfüllung der Anforderungen aus dem beispielhaften Anwendungsfall in die vorgesehenen Felder ein.

Anschließend klicken Sie auf den Button [Sichern], um die Regel zu speichern, und dann auf [Status ändern], um die Produktivsetzung durchzuführen. Die Aufbewahrungsregeln für das ILM-Objekt BC_DBLOGS sind nun aktiv und können genutzt werden.

Die Pflege Ihrer ILM-Regeln ist eine obligatorische Aufgabe bei der Umsetzung der DSGVO in Ihrem SAP-System. Eine richtige Nutzung von SAP ILM zur Verwaltung des Lebenszyklus Ihrer Daten erfordert Customizings in den Prüfgebieten und Regelwerken. Mit dem Retention Management können Sie für Ihre ILM-Objekte Verweil- sowie Aufbewahrungszeiten bestimmen, die in den einzelnen ILM-Regeln der Regelwerke eingestellt werden. Achten Sie stets darauf, dass Sie in Ihren Customizings keine Fehler begehen. Selbst die kleinsten Unachtsamkeiten können schwerwiegende Folgen haben. Zudem ist die Pflege von Verweilregeln für die Sperre im Prüfgebiet BUPA_DP zwingend notwendig, damit Ihre Sperre den konfigurierten Regeln entspricht.

Im nächsten Kapitel unseres Buches möchten wir Ihnen die Sperre von Stammdaten und Bewegungsdaten mit SAP ILM vorstellen.

4 Sperren von Daten mit SAP ILM

In diesem Kapitel erläutern wir Ihnen das Prinzip der Datensperre in SAP ILM. Wir erklären Ihnen, wie Sie Stammdaten und Bewegungsdaten sperren, um den Anforderungen der DSGVO gerecht zu werden.

Sie haben im Vorangegangenen gelernt, an welcher Stelle im SAP-System personenbezogene Daten zu finden sind, die bei der Umsetzung der DSGVO gesperrt werden müssen. Wie Sie Ihr System bzw. Ihre Regeln auf eine Sperre vorbereiten und welche Arten von Stammdaten es gibt, haben Sie ebenfalls erfahren.

Es ist zunächst wichtig zu wissen, wann Daten gesperrt werden müssen. Dies ist dann notwendig, wenn die Zweckbestimmung der Daten nicht mehr gegeben ist und eine Aufbewahrungspflicht besteht. Die Hilfestellung zur Datensegmentierung aus Abschnitt 1.3.2 hilft Ihnen zu bestimmen, welche Ihrer Daten einer Sperre unterzogen werden müssen.

Für die Sperre der Stammdaten gibt es spezifische Funktionen, die einzig für SAP ILM eingeführt wurden. Das Sperren von Bewegungsdaten erfolgt dagegen mittels der klassischen SAP-Datenarchivierung über das Archive Development Kit (ADK). Hierfür ist daher grundlegendes Wissen über die klassische SAP-Datenarchivierung notwendig. Wir empfehlen Ihnen daher, sich mit dem Thema auseinanderzusetzen, bevor Sie die Sperre von Daten in Ihrem SAP-System angehen.

Literaturtipp

Eine fundierte Einführung in die klassische SAP-Datenarchivierung erhalten Sie in unserem Buch »Datenarchivierung in SAP« (Espresso Tutorials, 2024): *https://es-tu.de/QpEu1*.

Damit Sie Daten in SAP ILM sperren können, müssen Sie in Ihrem System die nötigen Einstellungen vornehmen. Voraussetzung für das Sperren von personenbezogenen Daten ist die Aktivierung der hierfür vorgesehenen Business Functions. Neben der Business Function für SAP ILM sind dies die folgenden drei:

- BUPA_ILM_BF (Löschen von Geschäftspartnern, ILM-basiert)
- ERP_CVP_ILM_1 (Löschen von Kunden- und Lieferantenstammdaten, ILM-basiert)
- ILM_BLOCKING (ILM: Sperrfunktionalität)

Mit der erfolgreichen Aktivierung dieser Business Functions haben Sie Zugriff auf die Aktionen:

- Daten sperren
- Daten entsperren
- Entsperrung der Daten anfordern
- Monitoring der Daten durchführen

Daten sperren:

Für die Sperre der Stammdaten von ILM-Objekten stehen Ihnen zwei Transaktionen zur Verfügung: Die Sperre von Geschäftspartnern, die dem ILM-Objekt CA_BUPA zugeordnet sind, wird über die Transaktion *BUPA_PRE_EOP* durchgeführt. Mit der Transaktion *CVP_PRE_EOP* veranlassen Sie die Sperre der Kunden- und Lieferantenstammdaten sowie von Ansprechpartnern. Die dazugehörigen ILM-Objekte FI_ACCRECV, FI_ACCPAYB und FI_ACCKNVK kennen Sie bereits.

Daten entsperren:

Für die Entsperrung der Stammdaten der Geschäftspartner wird die Transaktion *BUPA_UNBLK_MD* verwendet. Bei Kunden- und Lieferantenstammdaten sowie bei Ansprechpartnern kommt allerdings eine gesonderte Transaktion zum Einsatz, nämlich *CVP_UNBLOCK_MD*.

Entsperrung der Daten anfordern:

Damit Sie in SAP Stammdaten entsperren können, muss erst ein Prozess erfolgen, der dies genehmigt. Als Erstes wird die Entsperrung angefragt. Hierzu verwendet man die Transaktion *BUP_REQ_UNBLK*. Berechtigte Nutzer können die Entsperrung des Eintrags in den Transaktionen *BUPA_UNBLK_MD* bzw. *CVP_UNBLOCK_MD* genehmigen bzw. durchführen.

Monitoring der Daten:

Das *Monitoring* der Daten dient der Überwachung und Verwaltung von Sperrkennzeichen, Status der Anwendungen und ermittelten Startzeiten für die Verweildauer von Geschäftspartnern, Kunden und Lieferanten im SAP-System. Sie können damit die Sperrbarkeit von Stammdaten prüfen. Es gibt zwei Transaktionen und Tabellen, die verwendet werden, um diese Informationen zu verwalten und anzuzeigen.

Im Monitoring sind wiederum unterschiedliche Transaktionen bzw. Tabellen für Geschäftspartner, Kunden- und Lieferantenstammdaten sowie Ansprechpartner anzuwenden. Die Transaktion *BUPA_SORT_MONITOR* und die Tabelle BUTSORT nutzen Sie für das Monitoring der Sperrkennzeichen und des Status von Geschäftspartnern. Die Transaktion *CVP_SORT_MONITOR* und die Tabelle CVP_SORT dienen der Überwachung der Kunden- und Lieferantenstammdaten.

Für das Monitoring wird der SoRT-Monitor genutzt. »SoRT« ist hierbei eine Abkürzung für »Start of Retention Time«, es handelt sich also um die Startzeit der Sperre für die Aufbewahrungszeit. Auf Ihrem SoRT-Monitor können Sie nach spezifischen Inhalten suchen. Ihnen stehen verschiedene Selektionskriterien zur Verfügung, um die anzuzeigenden Daten einzuschränken. In der Transaktion *BUPA_SORT_MONITOR* zur Überwachung der Geschäftspartner sehen Sie beim Aufrufen die Selektionsmaske aus Abbildung 4.1.

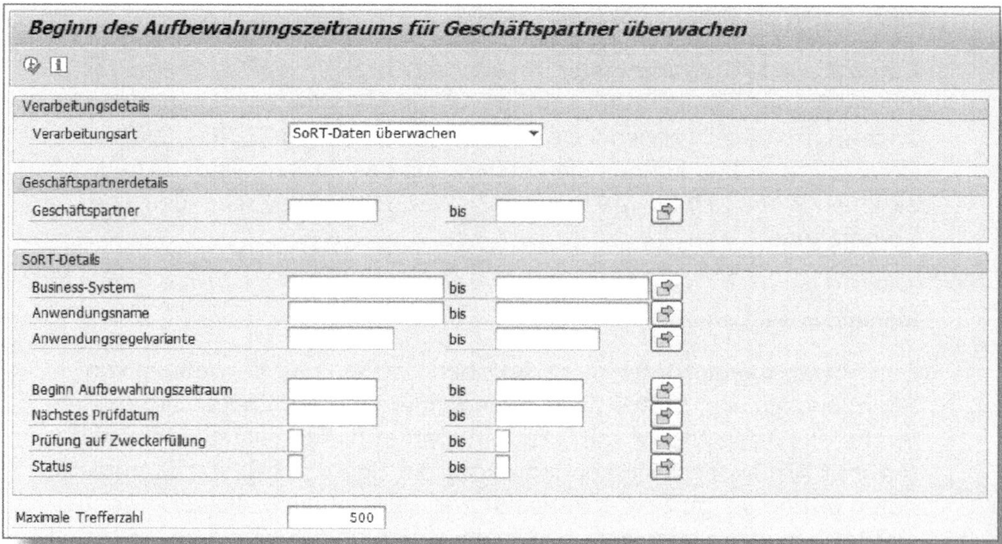

Beginn des Aufbewahrungszeitraums für Geschäftspartner überwachen

Verarbeitungsdetails

Verarbeitungsart	SoRT-Daten überwachen		

Geschäftspartnerdetails

Geschäftspartner		bis	

SoRT-Details

Business-System		bis	
Anwendungsname		bis	
Anwendungsregelvariante		bis	
Beginn Aufbewahrungszeitraum		bis	
Nächstes Prüfdatum		bis	
Prüfung auf Zweckerfüllung		bis	
Status		bis	

Maximale Trefferzahl 500

Abbildung 4.1: Transaktion BUPA_SORT_MONITOR – Einstieg

In dieser Transaktion lassen sich unter den GESCHÄFTSPARTNER-DETAILS beliebige GESCHÄFTSPARTNER angeben. Wenn Sie die Ergebnisse über die entsprechenden Kriterien einschränken, werden Ihnen die gewünschten Geschäftspartner bzw. deren Status zur Sperrbarkeit angezeigt.

Wenn Sie nun Daten auswerten, greift das System auf die Tabelle BUTSORT zu. Die Daten werden als Tabelle mit wichtigen Informationen dargestellt (siehe Abbildung 4.2).

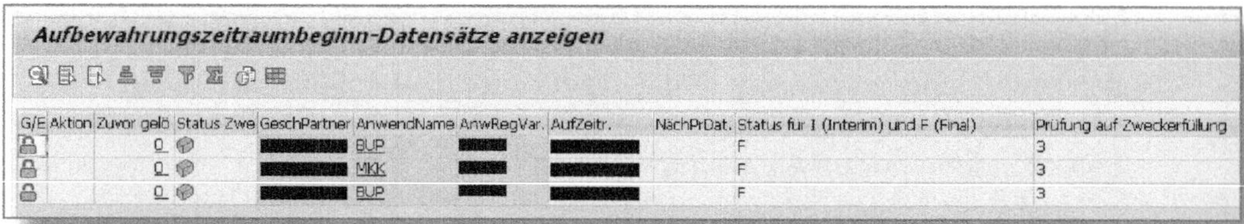

Aufbewahrungszeitraumbeginn-Datensätze anzeigen

G/E	Aktion	Zuvor gelö	Status Zwe	GeschPartner	AnwendName	AnwRegVar.	AufZeitr.	NächPrDat.	Status für I (Interim) und F (Final)	Prüfung auf Zweckerfüllung
		0			BUP				F	3
		0			MKK				F	3
		0			BUP				F	3

Abbildung 4.2: Informationen der Tabelle BUTSORT

In der ersten Spalte G/E erscheint das Schlosssymbol, sofern der Geschäftspartner bereits erfolgreich gesperrt wurde. In der Spalte Status Zweckerfüllung (STATUS ZWE) wird Ihnen ein vollständig ausgefüllter Würfel angezeigt, wenn zu diesem Partner keine offenen Geschäftsvorfälle mehr vorliegen und jegliche Fristen zur Sperre verstrichen sind. Wie Sie bereits wissen, bedeutet dies, dass der Geschäftspartner gesperrt werden kann. Weitere Details zu den Geschäftspartnern sind in den Spalten STATUS FÜR I (INTERIM) UND F (FINAL) sowie PRÜFUNG AUF ZWECKERFÜLLUNG ablesbar. Folgende Einträge können dort zu finden sein:

- STATUS FÜR I (INTERIM) UND F (FINAL):
  - I – Die Transaktion BUPA_PRE_EOP wurde als Zwischenprüfung ausgeführt.
  - F – Die Transaktion BUPA_PRE_EOP wurde als Gesamtprüfung ausgeführt.
- PRÜFUNG AUF ZWECKERFÜLLUNG:
  - 1 – Für den Geschäftspartner liegen keine Geschäftsvorfälle vor.
  - 2 – Es sind offene Geschäftsvorfälle mit dem Geschäftspartner vorhanden.
  - 3 – Alle Geschäftsvorfälle mit dem Geschäftspartner sind abgeschlossen und die angegebene Residenzzeit ist abgelaufen.

Es sind verschiedene Kombinationen der einzelnen Felder möglich. Mit der Überwachung sind Sie in der Lage, den Kombinationen eine Bedeutung zuzuweisen und den Status bezüglich der Sperre für Ihren Anwendungsfall zu prüfen.

4.1 Sperren von Daten

Nun kommen wir zu einer der wichtigsten Funktionen von SAP ILM im Rahmen der DSGVO. Die Sperrfunktion ist für die Einhaltung dieser EU-Verordnung unverzichtbar.

Sie wissen bereits, dass Sie personenbezogene Daten nicht ohne einen sinnvollen Grund in Ihrem SAP-System aufbewahren dürfen. Personenbezogene Daten ohne einen gültigen Verwendungszweck müssen gesperrt werden, wenn sie noch im System verweilen. Das heißt, Sie müssen dafür sorgen, dass diese nicht mehr unbefugt eingesehen werden können. Durch den Einsatz der Sperre in SAP ILM werden Sie dieser Anforderung gerecht.

An dieser Stelle sind Stammdaten von besonderer Bedeutung, da sie in der Regel einen direkten Bezug zu personenbezogenen Daten aufweisen. Die Vorbereitung der Sperre von Stammdaten mit der Verweildauer für die Sperre in SAP ILM haben Sie in Abschnitt 3.2.2 bereits kennengelernt. Sie wissen, dass der Einsatz der Sperre ein Customizing zur Bedingung hat, um die Funktionen der Stammdatensperre in SAP-Systemen nutzen zu können.

Um das Customizing für die Sperre zu pflegen, gehen Sie in die schon bekannte Transaktion *SPRO* (SAP Reference Project Object). Die deutsche Erläuterung für diesen Bereich bei SAP lautet »Projektbearbeitung für SAP-Customizing«. Sie erlaubt den Zugang zu individuellen Customizings verschiedener Geschäftsbereiche oder Module. Unter den Customizing-Einstellungen zur Stammdatensperre auf Ihrem System sollten Sie sich um folgende Bereiche kümmern:

1. Berechtigungsgruppen vergeben
2. RFC-Verbindung des Mastersystems registrieren
3. Ursachencodes definieren
4. Funktionsbausteine in den Anwendungen für die Zweckerfüllungsprüfung

Berechtigungsgruppen vergeben:

Im ersten Schritt zur Sperre von Stammdaten pflegen Sie einen Berechtigungswert für die Kreditoren- und Debitorenstammdatensperre. Für die Geschäftspartnersperre ist die Vergabe von Berechtigungsgruppen optional.

Um in das Customizing zu gelangen, rufen Sie den Einführungsleitfaden auf und wählen das SPERREN UND ENTSPERREN VON DATEN über die folgende Pfadstruktur aus: ANWENDUNGSÜBERGREIFENDE KOMPONENTEN • DATA PROTECTION • SPERREN UND ENTSPERREN VON DATEN • GESCHÄFTSPARTNERSTAMMDATEN • BERECHTIGUNGSGRUPPE FÜR GESPERRTE STAMMDATEN DEFINIEREN • SPERREN UND ENTSPERREN VON DATEN.

Klicken Sie auf das Ausführensymbol vor dem Eintrag in der Zeile. Sie gelangen in die Sicht BERECHTIGUNGSGRUPPENWERT FÜR GESPERRTE GESCHÄFTSPARTNER ÄNDERN: ÜBERSICHT. Wechseln Sie in den Bearbeitungsmodus, indem Sie auf den Button klicken, und wählen Sie anschließend Neue Einträge aus.

Abbildung 4.3: Berechtigungsgruppenwerte

In dieser Customizing-Aktivität (siehe Abbildung 4.3) definieren Sie, welcher BERECHTIGUNGSGRUPPE ein Benutzer zugeordnet werden muss, um gesperrte Stammdaten anzeigen zu können. Die folgenden Berechtigungsobjekte führen diese Prüfungen durch:

- F_KNA1_BED – Debitor: Kontenberechtigung
- F_LFA1_BED – Kreditor: Kontenberechtigung
- F_BKPF_BED – Buchhaltungsbeleg: Kontenberechtigung für Debitoren
- F_BKPF_BEK – Buchhaltungsbeleg: Kontenberechtigung für Kreditoren
- V_KNA1_BRG – Kunde: Kontenberechtigungsbereich für Vertriebsbereich
- F_KNKK_BED – Kreditmanagement: Kontenberechtigung

- B_BUPA_GRP – Geschäftspartner: Berechtigungsgruppen
- B_BUP_PCPT – Einige Transaktionen benötigen für das Anzeigen von Stammdaten – Aktivität 03 (Anzeigen) – auch dieses Berechtigungsobjekt.

Bei Kunden- und Lieferantenstammdaten bzw. Debitoren, Kreditoren und Ansprechpartnern können Sie mehrere Felder für die Berechtigung pflegen. Diesen Punkt finden Sie über den Pfad: ANWENDUNGSÜBERGREIFENDE KOMPONENTEN • DATA PROTECTION • SPERREN UND ENTSPERREN VON DATEN • KUNDEN-/LIEFERANTENSTAMMDATEN • BERECHTIGUNGSGRUPPE FÜR GESPERRTE STAMMDATEN DEFINIEREN.

Sie können unter dieser Customizing-Aktivität Berechtigungen nach verschiedenen Kriterien konfigurieren. Beispielsweise ist es möglich, Berechtigungen nach BUCHUNGSKREISEN zu pflegen (siehe Abbildung 4.4).

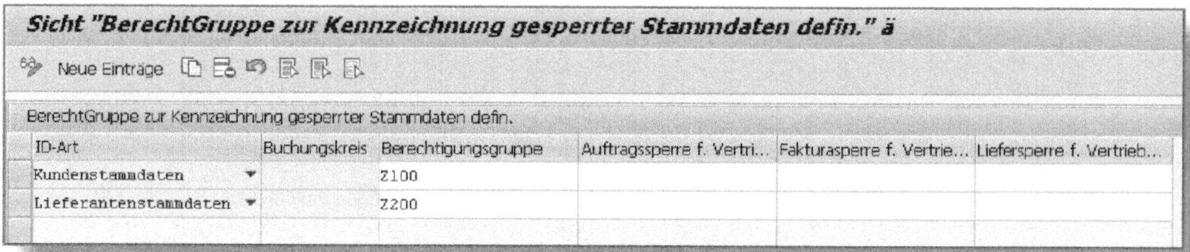

Sicht "BerechtGruppe zur Kennzeichnung gesperrter Stammdaten defin." ä

Neue Einträge

BerechtGruppe zur Kennzeichnung gesperrter Stammdaten defin.

ID-Art	Buchungskreis	Berechtigungsgruppe	Auftragssperre f. Vertri...	Fakturasperre f. Vertrie...	Liefersperre f. Vertrieb...
Kundenstammdaten		Z100			
Lieferantenstammdaten		Z200			

Abbildung 4.4: Berechtigungsgruppen definieren

RFC-Verbindung des Mastersystems registrieren:

Das zentrale Customizing für die RFC-Verbindung des Mastersystems finden Sie unter dem Pfad: ANWENDUNGSÜBERGREIFENDE KOMPONENTEN • DATA PROTECTION • LÖSCHEN DES KUNDENSTAMMS/LIEFERANTENSTAMMS • REGISTRIERUNG DER SYSTEMLANDSCHAFT • RFC-VERBINDUNG DES MASTERSYSTEMS VERBINDEN.

Unter diesem Customizing-Punkt definieren Sie das führende Stammdatensystem, auch Mastersystem genannt. Tragen Sie hier den Namen Ihres logischen Systems ein. Die Stammdaten sollten in den Systemen gesperrt werden, in denen Sie auch gepflegt werden.

! Auf das richtige Mastersystem achten

Achten Sie darauf, dass Sie das richtige System gepflegt haben. Eine Fehlerquelle kann sein, dass durch Transporte aus der Sandbox oder aus Testsystemen das falsche Mastersystem übernommen wird.

Ursachencodes definieren:

Das nächste Customizing betrifft die Ursachencodes. Sie erstellen hierbei eigene Codes, die den Grund für die Anforderung der Entsperrung angeben. Für verschiedene Ursachen lassen sich individuelle Codes vergeben. Beispielsweise könnten Sie »Falsch gesperrt« mit dem Ursachencode T01 verknüpfen. Die Ursachencodes pflegen Sie unter dem Pfad: ANWENDUNGSÜBERGREIFENDE KOMPONENTEN • DATA PROTECTION • SPERREN UND ENTSPERREN VON DATEN • GRÜNDE FÜR DAS ENTSPERREN VON GESCHÄFTSPARTNERN FESTLEGEN.

Funktionsbausteine in den Anwendungen für die Zweckerfüllungsprüfung:

Ein weiteres wichtiges Customizing ist das Einstellen der Funktionsbausteine in den Anwendungen für die Zweckerfüllungsprüfung. Sie finden diesen Punkt unter dem Pfad: ANWENDUNGSÜBERGREIFENDE KOMPONENTEN • DATA PROTECTION • SPERREN UND ENTSPERREN VON DATEN • GESCHÄFTSPARTNER • FÜR DIE PRÜFUNG DER ZWECKERFÜLLUNG REGISTRIERTE ANWENDUNGSFUNKTIONSBAUSTEINE DEFINIEREN.

Die hinterlegten Funktionsbausteine führen Prüfungen aus Sicht der Anwendungen durch und genehmigen, ob ein Geschäftspartner gesperrt werden darf oder nicht. Sie können Funktionsbausteine, die Sie nicht benötigen, aus der Liste entfernen und bei Bedarf kundeneigene Funktionsbausteine mithilfe von ABAP-Programmierungen entwickeln und in Ihre Liste aufnehmen. Sobald Sie das Customizing durchgeführt haben, müssen Sie Ihre eigenen Anwendungen in der Transaktion *IRM-POL* ebenfalls pflegen. Dadurch können die Anwendungen die erstellten Regeln, etwa zur Verweildauer, aus dem Customizing abfragen und ausführen.

Bei Kunden- und Lieferantendaten gehen Sie ebenso vor und pflegen die benötigten Funktionsbausteine ein. Für Kunden- und Lieferanten verwenden Sie den Pfad: Anwendungsübergreifende Komponenten • Data Protection • Sperren und Entsperren von Daten • Löschen des Kundenstamms/Lieferantenstamms • Registrierung von Anwendungen • Anwendungsklassen für Prüfung auf Ende des Verwendungszwecks registrieren.

Haben Sie diese Customizings gepflegt, können Sie mit der Stammdatensperre in Ihrem SAP-System beginnen. Wie Sie das Sperren verwenden, zeigen wir Ihnen in den nächsten Abschnitten genauer.

4.1.1 Geschäftspartner

In SAP bezieht sich der Begriff »Geschäftspartner« auf eine Entität, mit der Ihr Unternehmen Geschäftsbeziehungen unterhält. Dies kann eine natürliche Person sein, wie ein Kunde oder ein Lieferant, aber auch eine juristische Person, wie eine Organisation oder ein Unternehmen. Für das Sperren von Geschäftspartnerstammdaten nutzen Sie die Transaktion *BUPA_PRE_EOP*.

Mit Aufruf der Transaktion erscheint eine Selektionsmaske (siehe Abbildung 4.5), die das Eingrenzen von Geschäftspartnern ermöglicht. Tragen Sie in das Feld Partner die Nummer des zu sperrenden Geschäftspartners ein. Es ist möglich, mehrere Partner auf einmal auszuwählen und zu sperren.

Haken Sie das Feld Nächstes Prüfdatum berücksichtigen unter den Optionen an. Im Bereich Ende VerwZweck – Ausführungsmodus können Sie ein Flag unter Zwischenprüfung (lokal) setzen.

Im Bereich Protokolle empfehlen wir gemäß der Auswahl in der Abbildung, den vollen Umfang an Protokollen auszuwählen, um eine detaillierte Darstellung zu erhalten. Dazu wählen Sie 2 Liste und Anwendungsprotokolle in der Protokollausgabe aus.

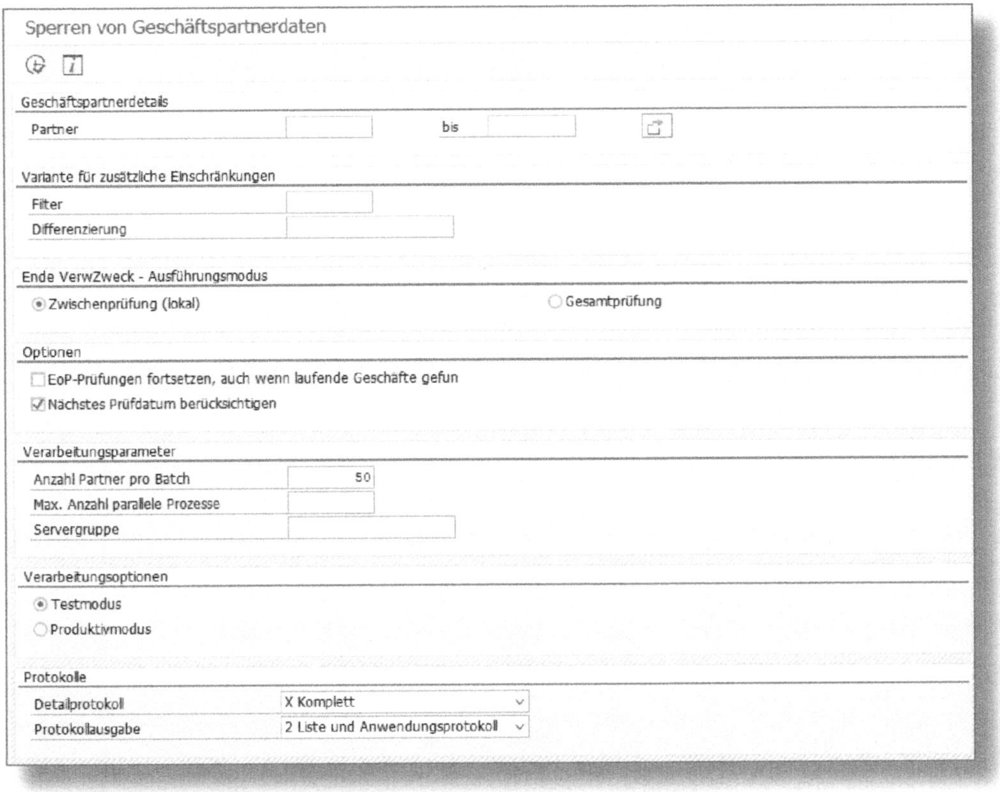

Sperren von Geschäftspartnerdaten

Geschäftspartnerdetails

Partner bis

Variante für zusätzliche Einschränkungen

Filter

Differenzierung

Ende VerwZweck - Ausführungsmodus

Zwischenprüfung (lokal) Gesamtprüfung

Optionen

EoP-Prüfungen fortsetzen, auch wenn laufende Geschäfte gefun

Nächstes Prüfdatum berücksichtigen

Verarbeitungsparameter

Anzahl Partner pro Batch 50

Max. Anzahl parallele Prozesse

Servergruppe

Verarbeitungsoptionen

Testmodus

Produktivmodus

Protokolle

Detailprotokoll X Komplett

Protokollausgabe 2 Liste und Anwendungsprotokoll

Abbildung 4.5: Transaktion BUPA_PRE_EOP – Einstieg

Mit dem Flag bei TESTLAUF starten Sie die Sperre in Form einer Simulation, um den Erfolg des *Sperrlaufs* vorerst zu testen. Wir empfehlen Ihnen, vor einem produktiven Lauf mindestens einen Testlauf durchzuführen.

Führen Sie Ihre Eingaben aus, um die von Ihnen im Customizing hinterlegten Funktionsbausteine für die Prüfung zu starten.

Nach Abschluss des Laufs erhalten Sie ein Protokoll wie in Abbildung 4.6.

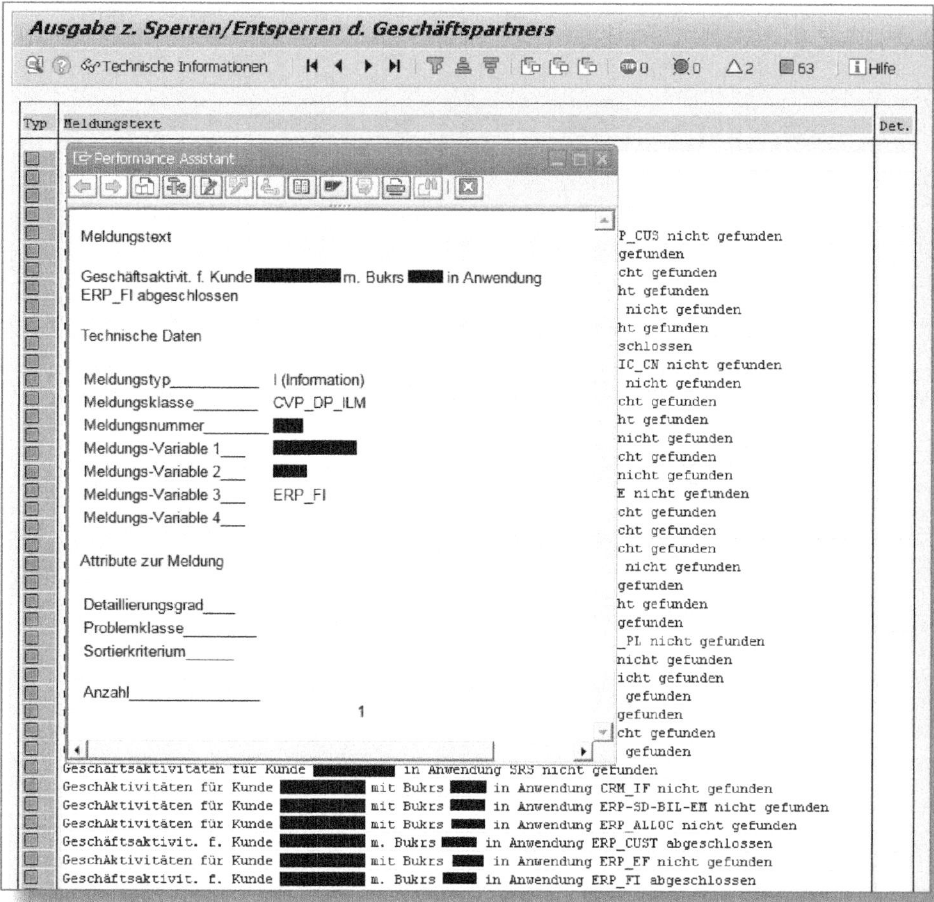

Abbildung 4.6: Protokoll zum Sperrlauf

Mit dem Ausführen des Sperrlaufs werden die im Customizing bestimmten Funktionsbausteine zu den Anwendungen und die dazugehörigen ILM-Regeln abgefragt. Die Meldung, die ausgegeben wird, kann folgende Ergebnisse enthalten:

- ABGESCHLOSSEN
- NICHT ABGESCHLOSSEN
- NICHT GEFUNDEN

Ihr Sperrlauf ist dann erfolgreich durchgeführt, wenn für alle relevanten Anwendungen des Stammsatzes die Meldung ABGESCHLOSSEN erscheint.

4.1.2 Debitoren, Kreditoren und Ansprechpartner

Als Nächstes stellen wir Ihnen das Sperren von Debitoren-, Kreditoren- und Ansprechpartnerstammdaten vor. Der Ablauf ist ähnlich wie bei der Sperre von Geschäftspartnerstammdaten.

Rufen Sie die Transaktion *CVP_PRE_EOP* auf.

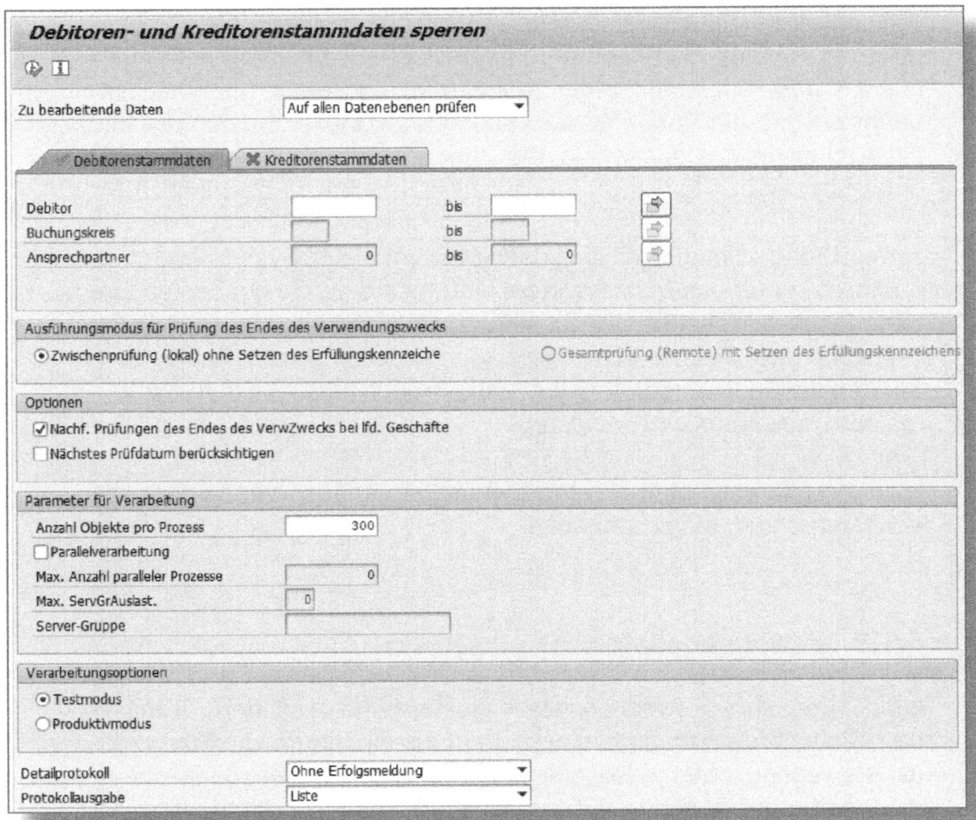

Abbildung 4.7: Transaktion CVP_PRE_EOP – Einstieg

Im Selektionsbild für Debitoren und Kreditoren (siehe Abbildung 4.7) stehen Ihnen zwei Registerkarten zur Auswahl. Die erste wird für das Sperren von Kundenstammdaten und die zweite für das Sperren von Lieferantenstammdaten genutzt. Die Ansprechpartner können in den jeweiligen Registerkarten für Kunden bzw. Lieferanten mitgesperrt werden. Wie in der Selektionsmaske für Geschäftspartner gibt es auch hier einige Parameter für das Selektieren der zu sperrenden Daten. Wählen Sie im Selektionsfeld ZU BEARBEITENDE DATEN *Auf allen Datenebenen prüfen* aus, um die Kundenstammdaten vollständig einzubeziehen. Sie können alternativ mit der Auswahl *Nur auf Buchungskreisebene prüfen* die allgemeinen Stammdaten auslassen und die Sperre nur für einzelne Buchungskreise durchführen. Eine andere Möglichkeit wäre *Nur Ansprechpartner prüfen*. Hierbei wird nur die angegebene Teilmenge der Stammdaten, also die Ansprechpartner, geprüft bzw. gesperrt. Befinden Sie sich im Mastersystem, wählen Sie unter dem Bereich AUSFÜHRUNGSMODUS FÜR PRÜFUNG DES ENDES DES VERWENDUNGSZWECKS die Option GESAMTPRÜFUNG (REMOTE) MIT SETZEN DES ERFÜLLUNGSKENNZEICHENS aus. Die Option ZWISCHENPRÜFUNG (LOKAL) OHNE SETZEN DES ERFÜLLUNGSKENNZEICHENS wird für gewöhnlich für die Vorprüfung in den Vor- und Nebensystemen genutzt. Ist die Gesamtprüfung nicht auswählbar, dann müssen Sie Ihr System zuerst im Customizing für das Mastersystem eintragen bzw. die gepflegten Einträge löschen. Falls Sie das Mastersystem nicht pflegen, können Sie keine *Sperrkennzeichen* in den jeweiligen Tabellen setzen. Analog zum Sperren der Geschäftspartner erhalten Sie auch hier nach dem Ausführen der Transaktion eine Meldung.

Für die Lieferantenstammdaten gehen Sie genauso vor, wie für die Kundenstammdaten beschrieben.

4.1.3 Bewegungsdaten

Für die Sperre der Bewegungsdaten gibt es keine gesonderte Transaktion. Sie ist technisch anders aufgebaut als die Sperre von Stammdaten. Bewegungsdaten werden archiviert und gelten dann als gesperrt, da Unbefugten der Zugriff auf die Bewegungsdaten im Archiv verwehrt wird. Die Archivierung wird im Rahmen der klassischen Datenarchivierung in der Transaktion *SARA* durchgeführt, sie unterscheidet sich somit stark von der Sperre der Stammdaten.

Die technische Sperrung erfolgt hier durch Einführen einer Berechtigungsgruppe für das Lesen der archivierten Daten. Hierfür benötigen Sie die Business Function ILM_BLOCKING, die aktiv gesetzt sein muss. Endanwender brauchen zum Lesen im Archiv das Berechtigungsobjekt S_IRM_BLOC. Weitere Berechtigungsfelder können den Anforderungen entsprechend ausgeprägt werden:

- IRM_POLTYP (Prüfgebiet)
- IRM_OBJTYP (ILM-Objekt)
- IRM_AUTGRP (Berechtigungsgruppe)
- ACTVT (Aktivität)

Neben diesem Berechtigungsobjekt wird weiterhin auch das klassische Berechtigungsobjekt S_ARCHIVE benötigt, um Daten im Archiv lesen zu können.

Um die Sperre für Bewegungsdaten erfolgreich durchzuführen, müssen Sie im ILM-Regelwerk neben den Regeln für beispielsweise die Aufbewahrung auch die Berechtigungsgruppen definieren. In der entsprechenden Spalte tragen Sie Berechtigungsgruppenwerte ein, um bestimmten Nutzern den Zugriff auf die archivierten Daten zu gewähren.

Für eine bessere Übersicht in Ihrem Projekt zur Umsetzung der DSGVO empfehlen wir, das Thema »Berechtigungen« in ein gesondertes Dokument bzw. ein Berechtigungskonzept oder mindestens in ein ausführliches Kapitel in Ihrer Dokumentation aufzunehmen.

4.2 Entsperren von Daten

Wie Sie Stamm- und Bewegungsdaten sperren, haben Sie nun erfahren. Sollten unter Umständen die gesperrten Stammdaten wieder verwendet werden müssen, gibt es die Möglichkeit, sie zu entsperren.

Wenn beispielsweise versehentlich der falsche Stammsatz gesperrt wurde oder ein neues Geschäft mit einem inaktiven bzw. gesperrten Kunden abgewickelt wird, müssen die jeweiligen Stammdaten wieder entsperrt werden.

4.2.1 Stammdaten

Um gesperrte Daten zu entsperren, kann die zentrale Transaktion *BUP_REQ_UNBLK* verwendet werden. Dort haben Sie die Möglichkeit, eine von vier Objektarten auszuwählen, die Sie als Stammdatenarten kennen:

- Geschäftspartner
- Lieferant
- Kunde
- Ansprechpartner

Die Freigabe von personenbezogenen Daten muss immer im Einklang mit den Datenschutzbestimmungen erfolgen. Daher sollten Entscheidungen über die Freigabe von gesperrten Daten sorgfältig getroffen und dokumentiert werden, um die Einhaltung der Datenschutzrichtlinien sicherzustellen.

Geschäftspartner

Für das Entsperren von Geschäftspartnern rufen Sie die Transaktion *BUP_REQ_UNBLK* auf, Sie gelangen in die Maske mit der Anforderung der Entsperrung (siehe Abbildung 4.8).

Dort werden Ihnen verschiedene Stammdatenarten angeboten. In unserem Fall müssen Sie entsprechend der Anforderung in der OBJEKTART den *Geschäftspartner* anwählen. Sobald das geschehen ist, wird die Maske aus Abbildung 4.9 angezeigt.

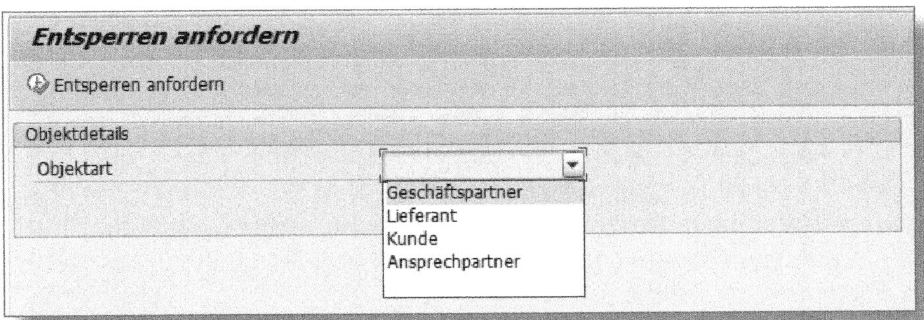

Abbildung 4.8: Transaktion BUP_REQ_UNBLK – Einstieg

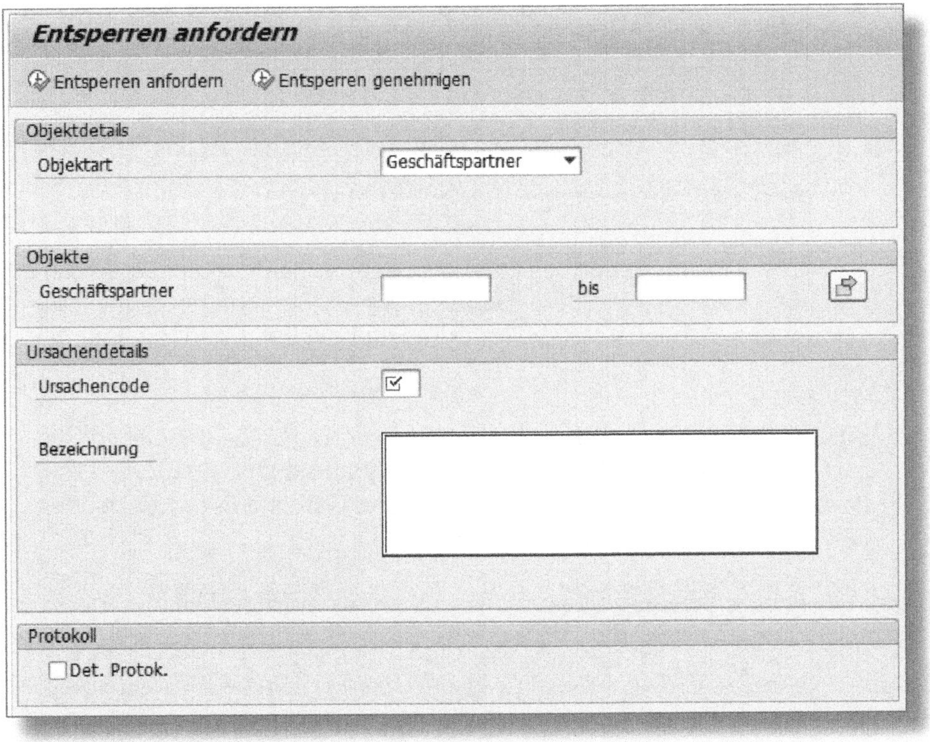

Abbildung 4.9: Entsperren anfordern

Im Anschluss tragen Sie den GESCHÄFTSPARTNER ein, den Sie entsperren möchten. Im Bereich URSACHENDETAILS geben Sie unter URSACHENCODE den passenden Ursachencode für Ihren Fall ein, wie Sie ihn zuvor im Customizing für die Entsperrung erstellt haben (siehe Abschnitt 4.1). Falls Sie weitere Angaben für die Entsperrung beifügen möchten, können Sie Ihre Begründung im Feld BEZEICHNUNG aufführen. Ihre Eingaben bestätigen Sie mit dem Button Entsperren anfordern, woraufhin Ihre Anfrage eingereicht wird. Sie erhalten ein Protokoll mit einer Bestätigungsmeldung (siehe Abbildung 4.10).

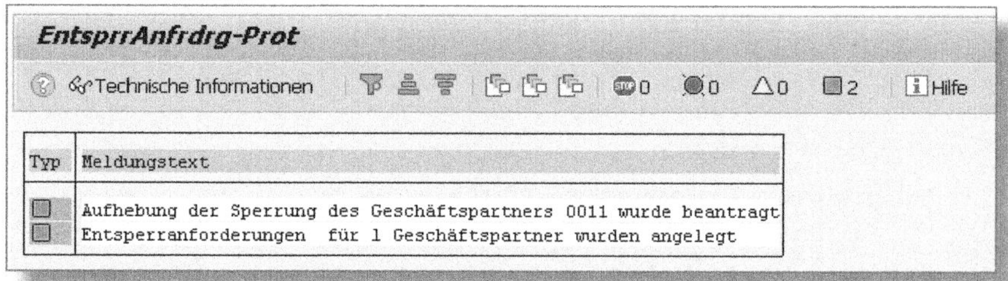

Abbildung 4.10: Entsperrung anfordern – Protokoll

Damit der Geschäftspartner entsperrt werden kann, muss dieser Antrag nun genehmigt werden. Hierfür muss ein berechtigter Nutzer die Transaktion *BUPA_UNBLK_MD* aufrufen und die Entsperrung genehmigen.

Um den vorliegenden Antrag zu genehmigen, tragen Sie den Geschäftspartner ein und wählen die Option VERWENDUNGSZW. ZURÜCKSETZEN. Bestätigen Sie Ihre Eingabe, wird Ihnen eine Liste mit den zutreffenden Einträgen angezeigt (siehe Abbildung 4.11).

Sperren von Geschäftspartnerdaten

Genehmigen und entsperren   Entsperren ablehnen

Objekt-ID	Objekttyp	EntspStat.	Reason_Code	Angelegt von	Angelegt am	Anfragezeit	Ursachenbeschreibung
0000000011	BUPA		T01				

Abbildung 4.11: Entsperrung genehmigen

Sofern es keinen Grund zur Ablehnung der Entsperrung gibt, wählen Sie den entsprechenden Geschäftspartnereintrag und anschließend die Option GENEHMIGEN UND ENTSPERREN aus. Bei der Entsperrung werden die zugehörigen Sperrkennzeichen zurückgesetzt. Sie erhalten das in Abbildung 4.12 sichtbare Protokoll zur Bestätigung des Vorgangs.

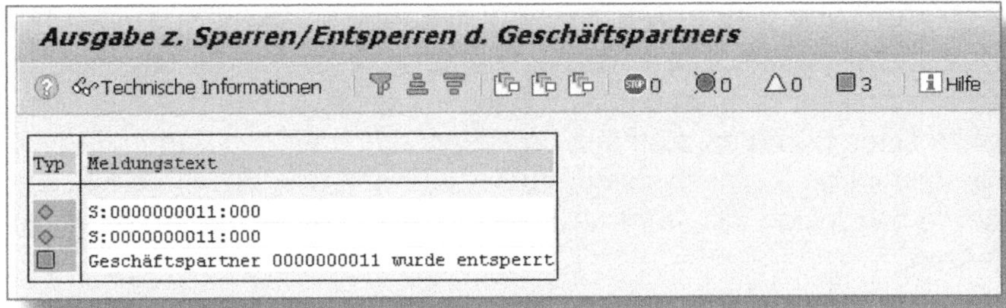

Abbildung 4.12: Entsperrung anfordern – Erfolgsmeldung

Falls Sie die Entsperrung nicht freigeben möchten, wählen Sie die Option ENTSPERREN ABLEHNEN (siehe Abbildung 4.11) aus. In diesem Fall erscheint die Meldung aus Abbildung 4.13.

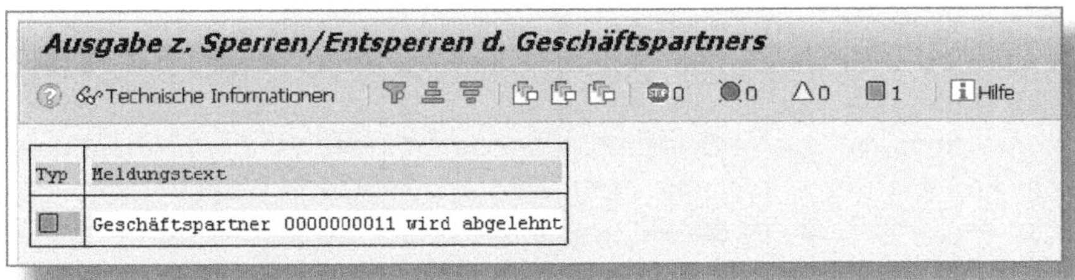

Abbildung 4.13: Entsperrung anfordern – Ablehnung

Nach der erfolgreichen Entsperrung eines Geschäftspartners können Sie diesen wie gewohnt in Ihrem SAP-System verwalten.

Kunden und Lieferanten entsperren

Zum Entsperren von Kunden- bzw. Lieferantendaten führen Sie ebenfalls die Transaktion *BUP_REQ_UNBLK* aus und selektieren die

OBJEKTART *Lieferant* bzw. *Kunde*. Das Entsperren von Kunden- bzw. Lieferantendaten bedarf ebenfalls einer Anforderung, die fast identisch mit derjenigen bei den Geschäftspartnern ist.

Ein Unterschied besteht allerdings darin, wie der Antrag zur Entsperrung angenommen bzw. abgelehnt wird. Hierfür ist die Transaktion *CVP_UNBLOCK_MD* zu verwenden: Zuerst wählen Sie zum Entsperren die gewünschte Registerkarte aus – also entweder die Debitoren- oder die Kreditorenstammdaten. Anschließend geben Sie im Bereich OPTIONEN einen Grund an, also den Ursachencode oder den Status für eine Genehmigung für einen bestimmten Zeitraum. Grenzen Sie die Selektion ein, um sich die Anforderungen für die Entsperrung anzeigen zu lassen.

Der Genehmigungsprozess läuft analog zu demjenigen beim Geschäftspartner ab. Entsprechend sind die beiden möglichen Meldungen bei Genehmigung bzw. Ablehnung identisch.

4.2.2 Bewegungsdaten

Dass es für Bewegungsdaten keine direkte Sperrmöglichkeit in SAP gibt, haben Sie bereits in Abschnitt 4.1.3 erfahren. Ebenso ist Ihnen bekannt, dass die Sperre der Bewegungsdaten in technischer Hinsicht einer Archivierung entspricht. Für die Entsperrung von Bewegungsdaten gibt es folglich ebenfalls keine eigens zu diesem Zweck geschaffene Funktion. Daher ist eine alternative Möglichkeit gefragt, die zumindest aus fachlicher Sicht als Entsperrung für den Anwender wahrgenommen werden kann.

Technisch geht es dabei um eine »Entsperrung« von archivierten Daten, die einem gewöhnlichen Nutzer keine Berechtigung zur Einsicht gewährt. Die »Sperrung« der Bewegungsdaten ist lediglich eine fehlende Leseberechtigung von Daten in einem Archiv bzw. ein fehlender Zugriff auf diese. Auf Grundlage dieses Sachverhalts können wir uns nun überlegen, wie wir einem bestimmten Nutzer die Einsicht in gesperrte Bewegungsdaten bzw. archivierte Daten gestatten.

Das Verweigern des Archivzugriffs ergibt sich aus fehlenden Berechtigungen. Infolgedessen können für einen Nutzer bestimmte Bewegungsdaten entsperrt werden, indem man diesen mit den notwendigen Berechtigungen ausstattet. Um dies zu erreichen, wird die generelle Notwendigkeit der Berechtigung für die jeweiligen Bewegungsdaten aufgehoben.

4.3 Auswirkungen einer Sperre auf die Stamm- und Bewegungsdaten

Mit dem Sperren von Daten kommen Sie nicht einfach so davon. Die Sperrung von Stamm- und Bewegungsdaten kann sich auf andere Daten auswirken, mit denen bestimmte Zusammenhänge bestehen. Diese Veränderungen und Konsequenzen müssen Sie vor der Durchführung eines SAP-ILM-Projekts unbedingt bedenken und einplanen. Setzen Sie sich deshalb mit den Fachbereichen zusammen und besprechen, ob die jeweilige Sperre Auswirkungen auf die übrigen Daten haben wird und wie Sie den neuen Zustand handhaben wollen.

Es ist besonders wichtig zu definieren, welchen Benutzergruppen Einsicht in gesperrte Daten gewährt werden soll. Archivierte Daten, die außerhalb des SAP-Systems abgelegt sind, können dennoch auf verschiedene Weise angezeigt werden. Jedoch haben Nutzer ohne entsprechende Berechtigung keine Möglichkeit mehr, die gesperrten Daten einzusehen. Wir empfehlen Ihnen deshalb, Workshops zu veranstalten, die dieses Thema genauer behandeln. In die Gestaltung eines Berechtigungskonzepts sollten SAP-ILM-Berater, Datenverantwortliche aus den Fachbereichen und die IT-Abteilung miteinbezogen werden.

Wie sich die Sperre auf Stamm- und Bewegungsdaten auswirkt, werden wir Ihnen im Folgenden genauer erläutern.

4.3.1 Auswirkungen der Sperre von Stammdaten

Was die Auswirkungen einer Sperre von Stammdaten angeht, sind zwei Szenarien zu unterscheiden – je nachdem ob der Nutzer eine Berechtigung zur Anzeige der gesperrten Datensätze besitzt oder nicht. Auf diese beiden Fälle gehen wir in den nächsten Abschnitten ein.

Auswirkungen der Sperre auf Nutzer mit Berechtigung

Liegt einem Nutzer die Berechtigung zur Anzeige gesperrter Stammdatensätze vor, so kann er beispielsweise den entsprechenden Debitor mittels der Transaktion *XD03* (Debitor anzeigen) einsehen (siehe Abbildung 4.14).

Abbildung 4.14: Anzeigen von gesperrten Debitoren mit Berechtigung

Immer häufiger finden in SAP-Systemen Prüfungen statt, ob die Sperre von Stammdatensätzen korrekt nach den Vorgaben der DSGVO durchgeführt wird. Hat ein Nutzer die Berechtigung zur Anzeige von gesperrten Stammdatensätzen, so kann das bei einer Datenschutzprüfung von Nutzen sein. Beim Aufrufen eines gesperrten Stammdatensatzes wird die Warnung ausgegeben, dass der jeweilige Datensatz bereits zur Löschung vorgemerkt wurde. Das ist ein Hinweis darauf, dass dieser schon gesperrt ist. Die Informationen zum Datensatz können eingesehen werden, sobald die Warnmeldung bestätigt wurde.

Führen wir das Beispiel weiter aus. Wenn der Datenschutzprüfer feststellen möchte, welche Grenzen die Berechtigungen setzen, erkennt er, dass eine Änderung von Belegen gesperrter Stammdaten nicht möglich ist. Dies können Sie nachprüfen, indem Sie beispielsweise in der Transaktion *XD02* (Debitor ändern) den gesperrten Debitor eintragen. Der Aufruf der Transaktion erfordert unter Umständen eine zusätzliche Berechtigung. Kann die Transaktion *XD02* ohne Fehlermeldung aufgerufen werden, so liegt eine solche vor. Besteht keine Berechtigung, wird dem Nutzer die Fehlermeldung aus Abbildung 4.15 angezeigt.

Abbildung 4.15: Transaktion XD02 – Fehlermeldung beim Ausführen ohne Berechtigung

Um Änderungen an einem Debitor vorzunehmen, müssen Sie dessen Bezeichnung in das vorgesehene Feld eintragen. Ist er gesperrt, so wird eine Warnung ausgegeben, und die Änderung ist nicht möglich (siehe Abbildung 4.16).

Sie können trotz einer Berechtigung lediglich eine Anzeige von Stammdaten veranlassen; eine Änderung von gesperrten Stammdaten ist nicht möglich. Für eine Bearbeitung der gesperrten Daten muss vorher eine Entsperrung erfolgen.

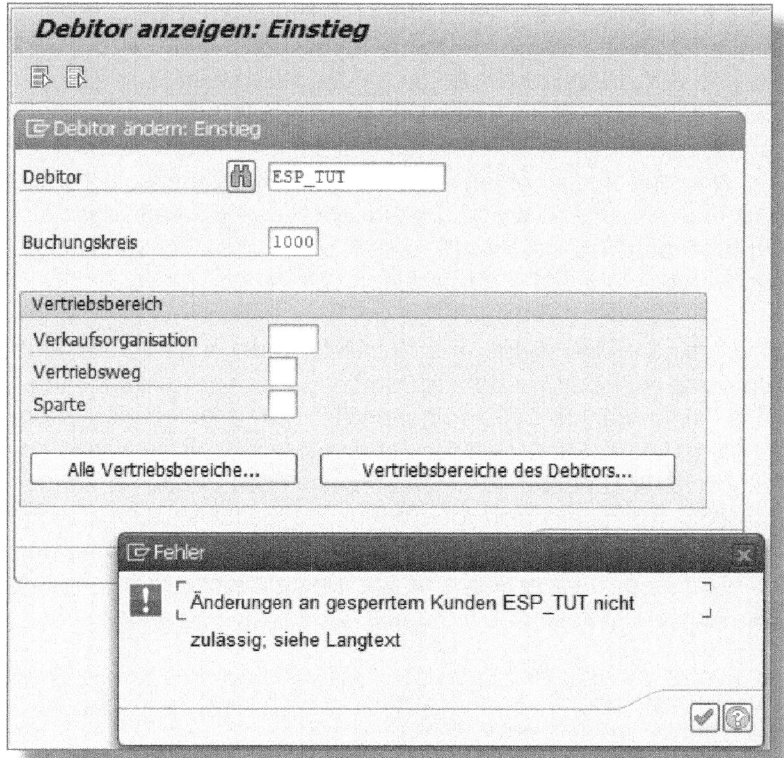

Abbildung 4.16: Fehlermeldung beim Versuch, gesperrte Debitoren zu ändern

Auswirkungen der Sperre auf Nutzer ohne Berechtigung

Sie wissen nun, wie die Anzeige gesperrter Stammdaten mit Berechtigung verläuft. Das Fehlen einer entsprechenden Berechtigung verhindert die Anzeige gesperrter Stammdaten vollständig.

Mit »vollständig« ist in diesem Kontext gemeint: Ihr SAP-System verrät Ihnen nicht einmal, ob der angefragte Stammdatensatz überhaupt existiert. Diesen Fall möchten wir Ihnen anhand der in dem vorherigen Abschnitt verwendeten Transaktionen detaillierter erläutern.

Wenn Sie versuchen, einen gesperrten Debitor über die Transaktion *XD03* (Debitor anzeigen) zu ermitteln, so wird, falls Sie keine Berechtigung haben, die in Abbildung 4.17 sichtbare Meldung ausgegeben.

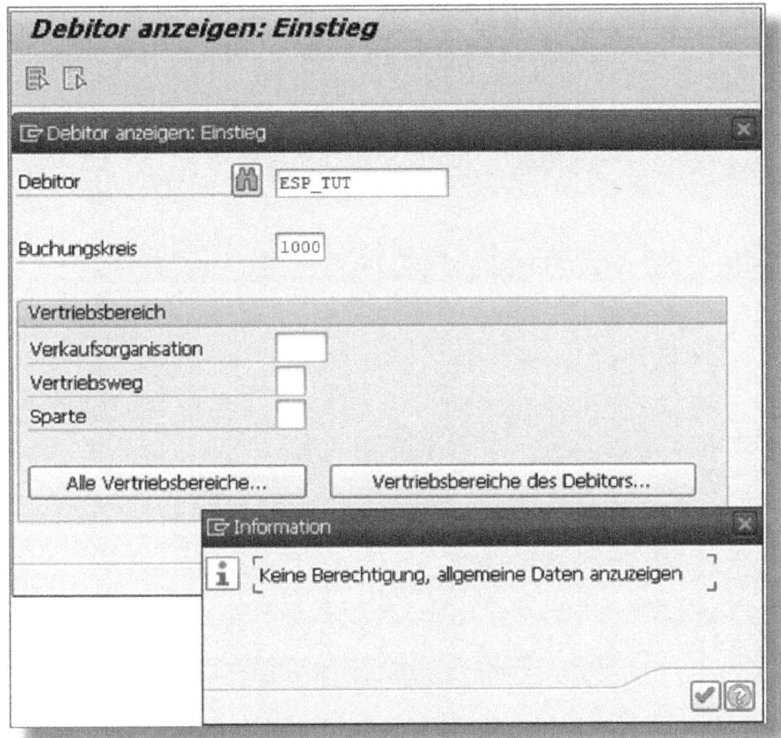

Abbildung 4.17: Fehlermeldung beim Versuch, gesperrte Debitoren ohne Berechtigung anzuzeigen

Wie Sie sehen, wirft das System keine Warnung aus, wie das bei einer vorhandenen Berechtigung der Fall ist: Es wird lediglich über eine fehlende Berechtigung informiert, allgemeine Daten anzuzeigen. Beachten Sie: SAP meldet an dieser Stelle nicht etwa »Keine Berechtigung, um Debitor anzuzeigen«, denn dies würde zumindest einen Hinweis darauf liefern, dass der jeweilige Debitor vorhanden ist. Ebenso wenig gibt es eine Meldung wie »Debitor existiert nicht«. Aufgrund derartiger Angaben könnte ein unberechtigter Nutzer prüfen, ob bestimmte

Debitoren im System vorhanden sind. Da in diesem Fall eine Nachverfolgung von gesperrten Stammdaten möglich wäre, würde dies gegen die DSGVO verstoßen.

Identisch läuft dies beim Versuch einer Änderung von Stammdaten, wie z. B. in der Transaktion *XD02* (Debitor ändern), ab (siehe Abbildung 4.18).

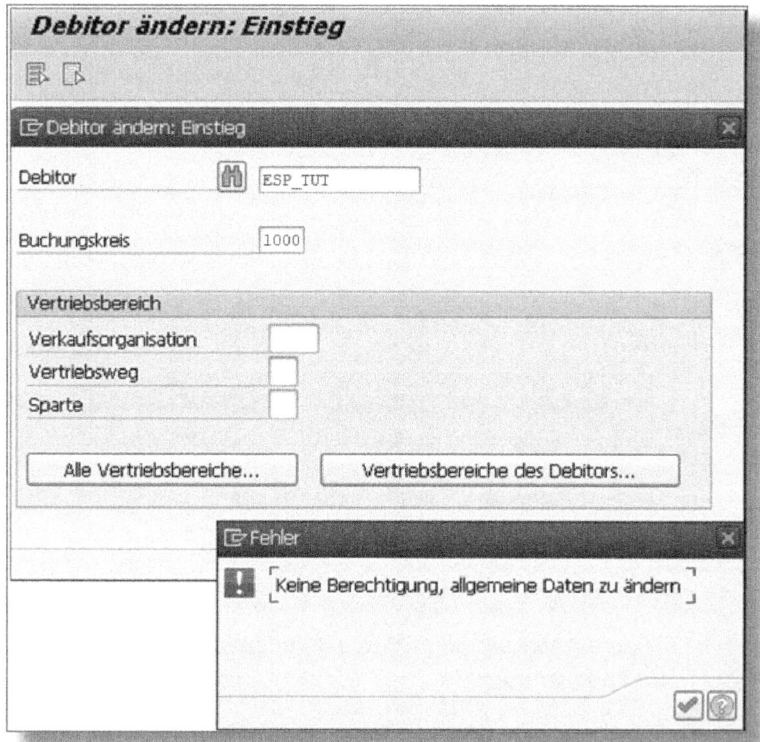

Abbildung 4.18: Fehlermeldung beim Versuch, ohne Berechtigung Debitorendaten zu ändern

Bei einem Versuch, ohne Berechtigung gesperrte Stammdaten zu ändern, würden Sie also lediglich die Anzeige erhalten, dass für diese Aktion keine Berechtigung vorliegt.

4.3.2 Auswirkungen auf die Bewegungsdaten

Sperren Sie Stammdaten, wird sich dies auch auf die Bewegungsdaten auswirken. Wie Sie bereits erfahren haben, werden Bewegungsdaten technisch nicht wie Stammdaten gesperrt. Bewegungsdaten werden nach der Sperre der zugehörigen Stammdaten archiviert. Der Lesezugriff ist dann möglich, wenn dem Anwender das Berechtigungsobjekt S_IRM_BLOC zugeordnet ist. In diesem Abschnitt zeigen wir Ihnen, wie sich eine Sperre auf Stammdaten auswirkt und wie mit entsprechender Berechtigung auf Bewegungsdaten zugegriffen werden kann, deren Stammdaten gesperrt wurden.

Anzeige von Belegen gesperrter Stammdaten bei Anwendern mit Berechtigung

In diesem Abschnitt betrachten wir den Anwendungsfall aus Sicht eines Nutzers, der eine Berechtigung zur Anzeige besitzt. Als Beispiel möchten wir Ihnen zeigen, wie gesperrte FI-Belege angezeigt werden. Um einen FI-Beleg einzusehen, rufen Sie die Transaktion *FB03* (Beleg anzeigen) auf, Sie gelangen in die Einstiegsmaske (siehe Abbildung 4.19).

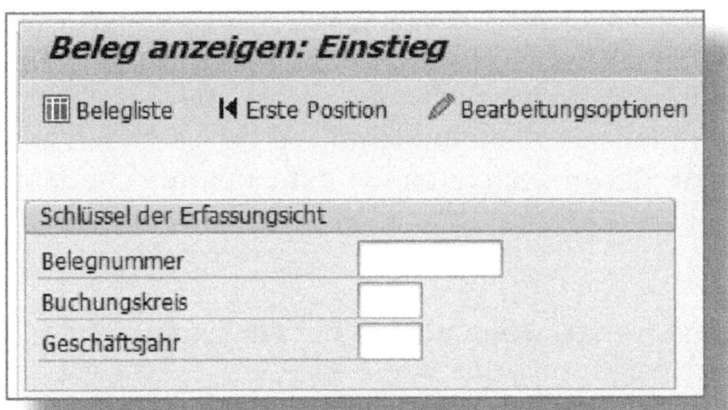

Abbildung 4.19: Transaktion FB03 – Einstieg

Geben Sie nun eine ausgewählte BELEGNUMMER ein, die zu einem gesperrten Stammdatensatz gehört.

Mit Bestätigung der Eingabe lässt sich der Beleg aufrufen, wie es für die Anzeige eines Belegs über die Transaktion *FB03* üblich ist. In der ERFASSUNGSSICHT können Sie die Positionen und zugehörige Stammdaten des Belegs einsehen (siehe Abbildung 4.20; einige Felder wurden hier und im Folgenden aus Datenschutzgründen unkenntlich gemacht).

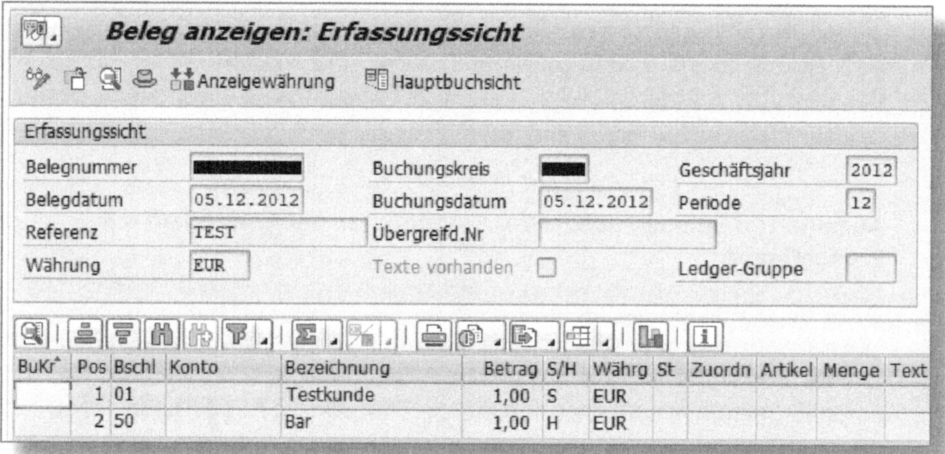

Abbildung 4.20: Anzeigen von gesperrten Daten mit Berechtigung

Die hierfür notwendige Berechtigung kann bei einer Datenschutzprüfung zum Einsatz kommen. So demonstrieren Sie dem Prüfer, dass ein Zugriff auf gesperrte Bewegungsdaten nur mit einer Berechtigung möglich ist.

Anzeige von Belegen gesperrter Stammdaten bei Anwendern ohne Berechtigung

Nun sehen wir uns den Anwendungsfall des vorherigen Abschnitts nochmals aus Sicht eines Benutzers ohne entsprechende Berechtigung an. Sie rufen dazu erneut die Transaktion *FB03* (Beleg anzeigen) auf und geben die Nummer eines Belegs ein, dessen Stammdaten bereits gesperrt wurden.

Versuchen Sie nun, als Benutzer ohne Berechtigung den Beleg anzuzeigen, werden Sie mit der Meldung aus Abbildung 4.21 konfrontiert.

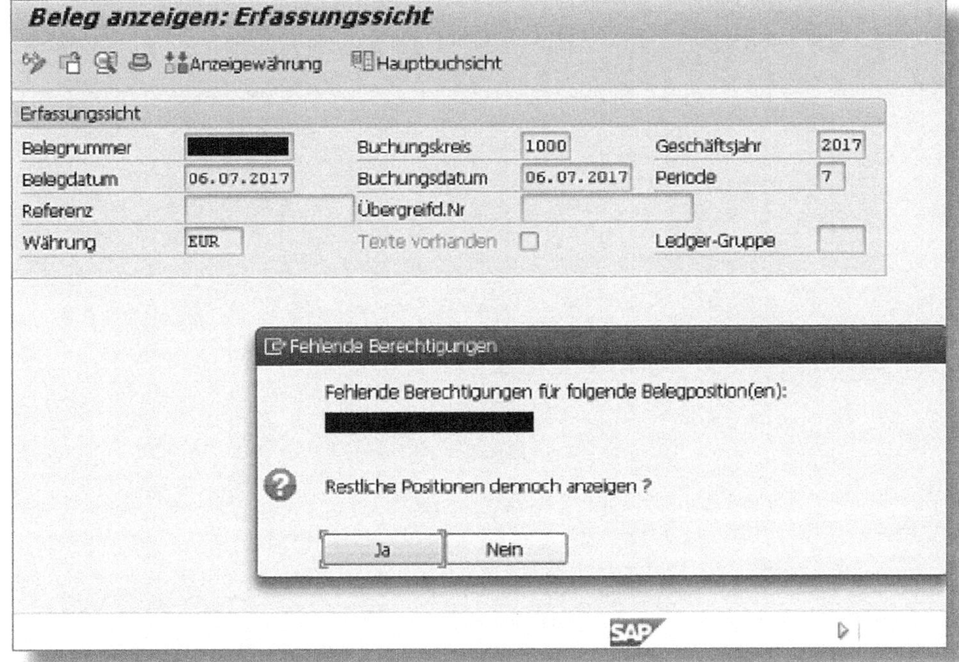

Abbildung 4.21: Versuch, ohne Berechtigung gesperrte Daten anzuzeigen

Ihnen wird mitgeteilt, dass Ihnen für manche oder gar alle Belegpositionen notwendige BERECHTIGUNGEN fehlen. Der Hinweis zeigt an, um welche BELEGPOSITION(EN) es sich dabei handelt. Der Stammdatensatz, den Sie als Nutzer nicht einsehen sollen, wird nicht erwähnt. Es besteht also keine Einsicht in die gesperrten Stammdaten und betroffenen Belegpositionen. Allerdings erfragt das System, ob Sie Belegpositionen einsehen möchten, die keine gesperrten Stammdaten beinhalten. Bestätigen Sie die Frage mit einem Klick auf JA, werden Ihnen die restlichen Belegpositionen angezeigt.

5 Vernichtung von Daten mit SAP ILM

Gemäß DSGVO haben betroffene Personen das Recht auf »Vergessenwerden«. Das bedeutet, dass Sie personenbezogene Daten vernichten müssen, wenn diese nicht mehr benötigt werden oder wenn die betroffene Person die Einwilligung zur Verarbeitung ihrer Daten widerruft. Aus diesem Grund sollte Ihr SAP-ILM-Projekt den Aspekt der Datenvernichtung unbedingt berücksichtigen.

Es gibt zwei Möglichkeiten, Daten in Ihrem SAP-System zu vernichten: Die erste besteht darin, in der Transaktion *SARA* diejenige Schreiblaufvariante der ILM-Objekte zu wählen, die mit der neuen ILM-Funktion für DATENVERNICHTUNG ausgeführt wird (siehe Abbildung 5.1). Das gestattet Ihnen, Daten direkt in der Datenbank Ihres SAP-Systems zu vernichten.

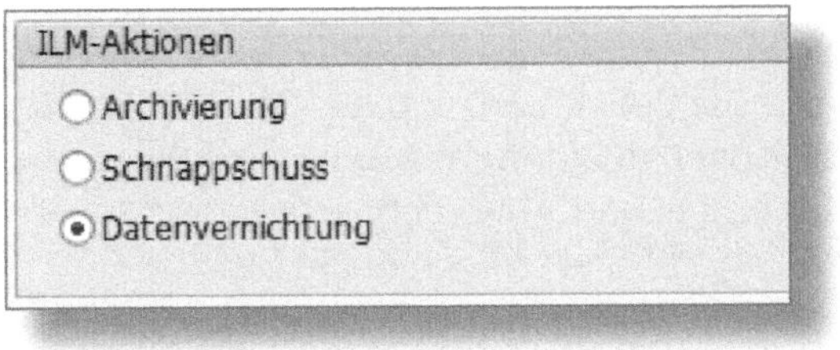

ILM-Aktionen
Archivierung
Schnappschuss
Datenvernichtung

Abbildung 5.1: ILM-Aktionen in der Transaktion SARA – Datenvernichtung

Die zweite Option, um Daten zu vernichten, ist die Verwendung der Transaktion *ILM_DESTRUCTION*. Mithilfe der entsprechenden Funktion aus der Transaktion können Sie Archivdateien aus Ihrer ILM-Ablage vernichten. Das ist insbesondere dann wichtig, wenn Sie gesperrte Bewegungsdaten löschen. Wie wir Ihnen erklärt haben, können Sie Bewegungsdaten nur »sperren«, indem Sie diese technisch archivieren. Ein solches Vorgehen erfordert deshalb als Endpunkt die Vernichtung dieser Daten aus Ihrer ILM-Ablage.

5.1 Datenvernichtung in der Transaktion SARA

Wenn Sie die Vernichtung von Daten in Angriff nehmen, sollten Sie idealerweise die Grundlagen der klassischen SAP-Datenarchivierung beherrschen.

Die Vernichtung von Daten in SAP-Systemen kann über die *Archivadministration* durchgeführt werden. Diese wird über die Transaktion *SARA* aufgerufen, sie ist Hauptbestandteil der klassischen SAP-Datenarchivierung. Es ist daher sinnvoll, wenn Sie die Archivadministration für die Vernichtung von Daten in den Grundzügen beherrschen.

Literaturtipp

Eine fundierte Einführung in die klassische SAP-Datenarchivierung erhalten Sie in unserem Buch »Datenarchivierung in SAP« (Espresso Tutorials, 2024): *https://es-tu.de/QpEu1*.

Im Zusammenhang mit der Erläuterung der Datenvernichtung in der Transaktion *SARA* müssen wir auf die vier verschiedenen Stammdatenarten eingehen, da diese bei der Umsetzung der DSGVO von Bedeutung sind. Im folgenden Abschnitt thematisieren wir daher Debitoren, Kreditoren, Geschäftspartner und Ansprechpartner. Die zu den Stammdatenarten gehörenden ILM-Objekte kennen Sie bereits:

- FI_ACCRECV (Debitorenstammdaten)
- FI_ACCPAYB (Kreditorenstammdaten)
- CA_BUPA (Geschäftspartner)
- FI_ACCKNVK (Ansprechpartner)

5.1.1 Vernichtung von Debitorenstammdaten mit FI_ACCRECV

Das ILM-Objekt FI_ACCRECV archiviert oder vernichtet Kunden- bzw. Debitorenstammdaten. Um die Daten Ihres Kundenstamms zu vernichten, müssen Sie in der Transaktion *SARA* das ILM- bzw. Archivierungsobjekt *FI_ACCRECV* eintragen (siehe Abbildung 5.2).

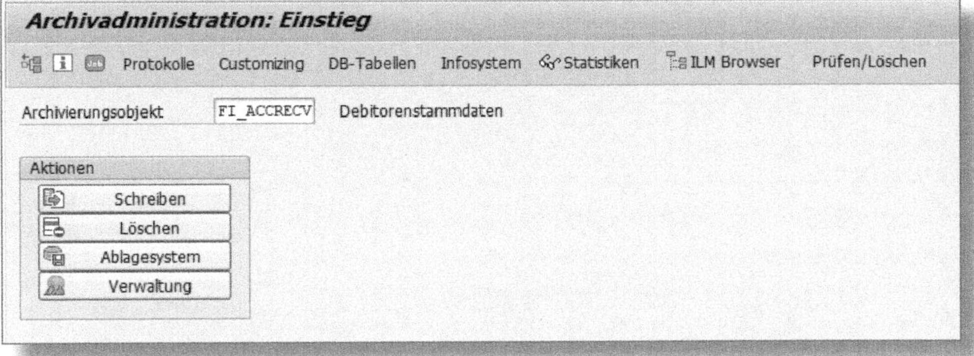

Abbildung 5.2: Transaktion SARA (FI_ACCRECV) – Auswahl der Debitorenstammdaten

Lassen Sie sich von den verfügbaren Aktionen, die auf den einzelnen Buttons zu lesen sind, nicht irreführen. Wir möchten zwar Daten vernichten, führen in diesem Anwendungsfall allerdings **nicht** die Aktion Löschen aus. Die Datenvernichtung verbirgt sich hinter dem Button Schreiben!

> **! Verfügbarkeit der ILM-Aktionen in FI_ACCRECV**
>
> Damit der geschilderte Ablauf möglich ist, muss das Objekt FI_ACCRECV zuvor vom klassischen Archivierungsobjekt in ein ILM-Objekt transformiert worden sein. Sollte dies noch nicht geschehen sein, werden Ihnen im Schreiblauf der Variante keine ILM-Aktionen angezeigt.

Mit einem Klick auf den Button Schreiben gelangen Sie in die Variantenpflege (siehe Abbildung 5.3).

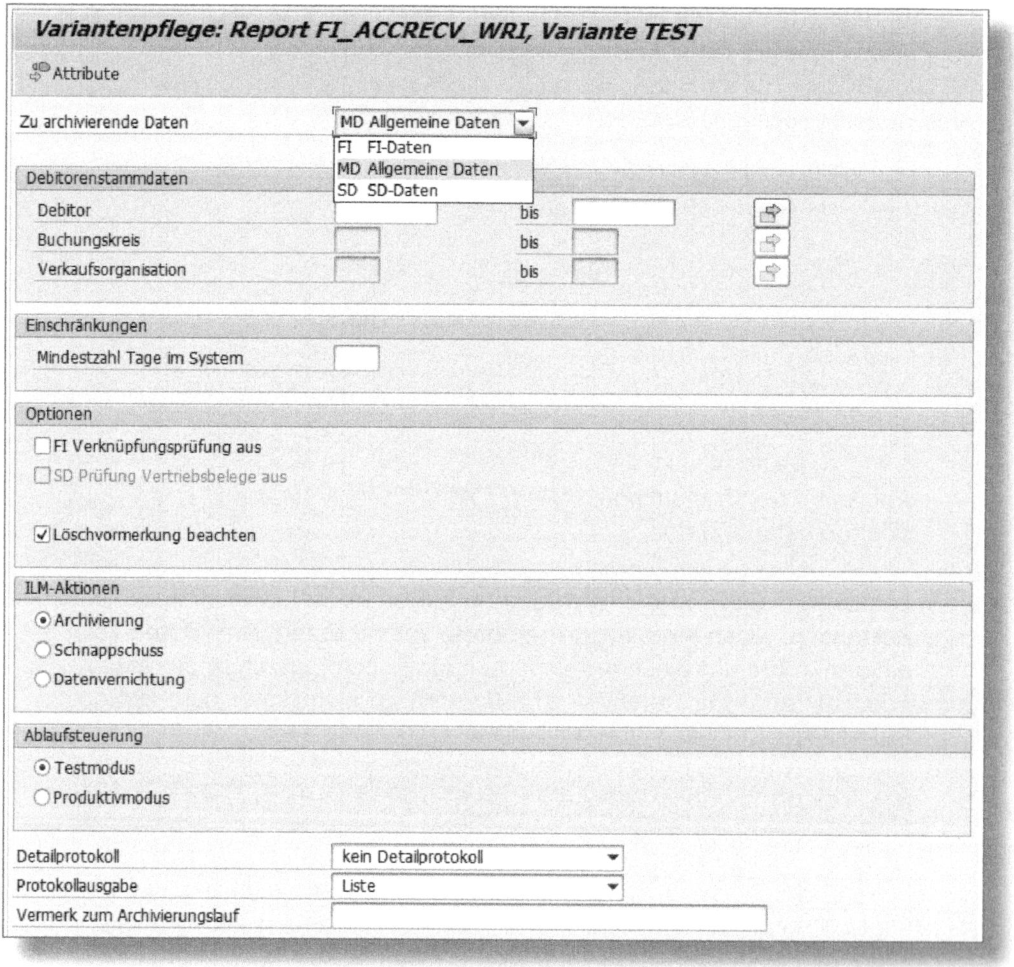

Abbildung 5.3: Variantenpflege für Debitorenstammdaten

Im Bereich Zu archivierende Daten finden Sie ein Drop-down-Menü. Es beinhaltet Allgemeine Daten, FI-Daten und SD-Daten zu dem Stammdatenobjekt. Möchten Sie in Ihrem SAP-System Daten der Debitoren vernichten, so müssen Sie zuvor die Bewegungsdaten der Stammdaten vernichten. Damit keine Dateninkonsistenzen entstehen, müssen Sie diese gemäß der Netzgrafik archivieren bzw. vernichten.

Aus diesem Grund empfehlen wir Ihnen, folgende Archivierungs- bzw. Vernichtungsreihenfolge der zu archivierenden Daten einzuhalten:

1. SD-Daten
2. FI-Daten
3. Allgemeine Daten

Die einzelnen Schreibläufe führen Sie gemäß Ihren Anforderungen aus. Zu diesem Zweck können Sie anhand der Selektionsmaske die Auswahl der Stammdaten bzw. Kundendaten nach Bedarf einschränken.

Wählen Sie unter den ILM-AKTIONEN den Punkt DATENVERNICHTUNG aus (im Standard wird hier ARCHIVIERUNG voreingestellt sein). Nachdem alle Felder vollständig ausgefüllt worden sind, starten Sie die Datenvernichtung.

Es gibt die Möglichkeit, Prüfungen für das ILM-Objekt FI_ACCRECV im *Erweiterungsspot* vorzunehmen. Eine Prüfung können Sie über die folgenden Business Add-Ins (BAdIs) veranlassen:

- FI_ACCRECV_CHECK
- FI_ACCRECV_CHECK_FI
- FI_ACCRECV_CHECK_SD

Sie können mittels BAdIs darüber hinaus Einträge aus weiteren Tabellen Ihres SAP-Systems vernichten. Die Option eignet sich beispielsweise für kundeneigene Tabellen, die dem ILM-Objekt FI_ACCRECV hinzugefügt werden sollen. Damit Sie diese Tabellen löschen können, müssen Sie in Ihren BAdIs die Methode DELETE verwenden.

Für FI_ACCRECV ist das Löschen über die folgenden BAdIs möglich:

- FI_ACCRECV_WRITE
- FI_ACCRECV_WRITE_FI
- FI_ACCRECV_WRITE_SD

5.1.2 Vernichtung von Kreditorenstammdaten mit FI_ACCPAYB

Bei der Vernichtung der Lieferantendaten gehen Sie vor wie bei derjenigen von Kundendaten. Sie nutzen hierfür die Archivadministration in der Transaktion *SARA*. Geben Sie im Feld ARCHIVIERUNGSOBJEKT nun das Objekt *FI_ACCPAYB* ein (siehe Abbildung 5.4).

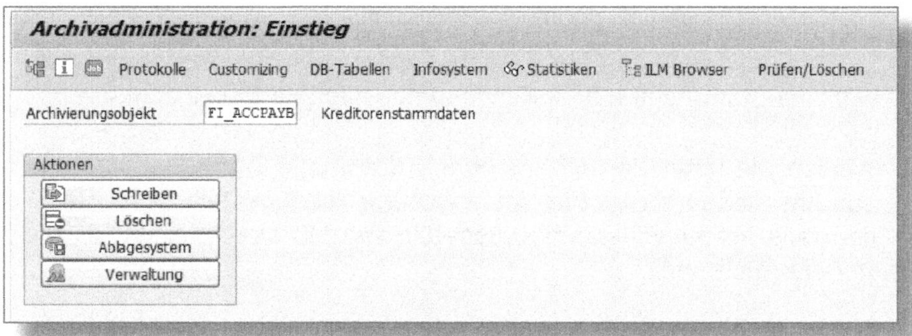

Abbildung 5.4: Transaktion SARA (FI_ACCPAYB) – Auswahl der Kreditorenstammdaten

Achten Sie auch hier darauf, dass FI_ACCPAYB in Ihrem SAP-System in ein ILM-Objekt transformiert sein muss, damit Sie ILM-Aktionen nutzen können. Nach Eingabe des Objekts gelangen Sie durch einen Klick auf den Button [Schreiben] und die Benennung Ihrer Variante in die Variantenpflege (siehe Abbildung 5.5).

Der Ablauf erfolgt hinsichtlich der Archivierungs- bzw. Vernichtungsreihenfolge nach demselben Prinzip wie bei den Kundendaten. Allerdings stehen an der Stelle der SD-Daten hier MM-DATEN. Daraus ergibt sich unsere Empfehlung für eine modifizierte Reihenfolge, die Sie bei Ihren Läufen berücksichtigen sollten:

1. MM-Daten
2. FI-Daten
3. Allgemeine Daten

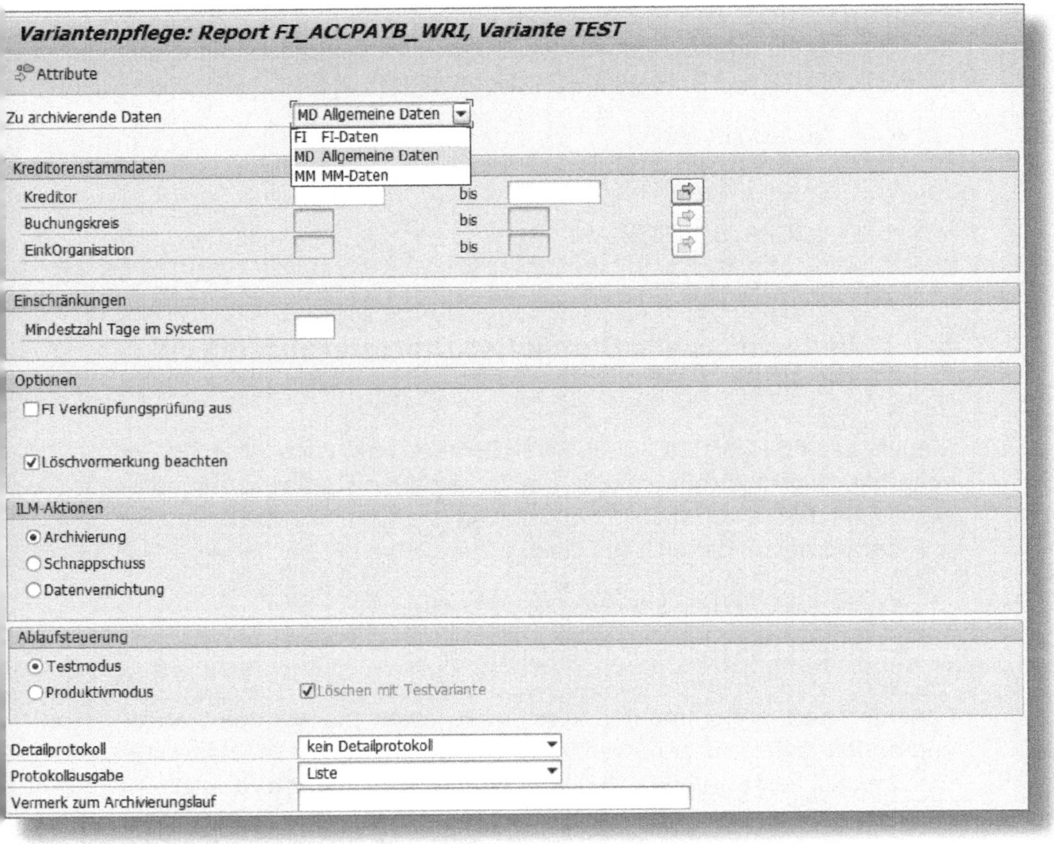

Variantenpflege: Report FI_ACCPAYB_WRI, Variante TEST

Attribute

Zu archivierende Daten: MD Allgemeine Daten
FI FI-Daten
MD Allgemeine Daten
MM MM-Daten

Kreditorenstammdaten
Kreditor bis
Buchungskreis bis
EinkOrganisation bis

Einschränkungen
Mindestzahl Tage im System

Optionen
☐ FI Verknüpfungsprüfung aus
☑ Löschvormerkung beachten

ILM-Aktionen
◉ Archivierung
○ Schnappschuss
○ Datenvernichtung

Ablaufsteuerung
◉ Testmodus
○ Produktivmodus ☑ Löschen mit Testvariante

Detailprotokoll: kein Detailprotokoll
Protokollausgabe: Liste
Vermerk zum Archivierungslauf

Abbildung 5.5: Variantenpflege für Kreditorenstammdaten

Tragen Sie auch hier Selektionskriterien ein, sofern Sie Ihren Lauf innerhalb der Variantenpflege einschränken möchten. Wählen Sie die ILM-AKTION DATENVERNICHTUNG aus, und starten Sie Ihren Lauf.

Im *Erweiterungsspot* sind für das ILM-Objekt FI_ACCPAYB analoge BAdIs zu FI_ACCRECV vorhanden. Für die Prüfung der Kreditorenstammdaten sind dies:

- FI_ACCPAYB_CHECK
- FI_ACCPAYB_CHECK_FI
- FI_ACCPAYB_CHECK_MM

Entsprechend gibt es bei Einführung der Methode DELETE ebenfalls die Möglichkeit, dem Objekt weitere Tabellen hinzuzufügen. Die BAdIs für FI_ACCPAYB haben folgende Bezeichnungen:

- FI_ACCPAYB_WRITE
- FI_ACCPAYB_WRITE_FI
- FI_ACCPAYB_WRITE_MM

5.1.3 Vernichtung von Geschäftspartnerstammdaten mit CA_BUPA

Mithilfe des ILM-Objekts CA_BUPA archivieren bzw. vernichten Sie Geschäftspartnerstammdaten über die Archivadministration. Um für dieses Objekt das Selektionsbild nutzen zu können, müssen Sie bestimmte Programme ausführen. Dies sind:

- BUPSELG0 (Differenzierungskriterien)
- BUPSELG5 (Differenzierungskriterien)

Geschäftspartnerstammdaten können Sie einerseits auf den Debitor und andererseits auf den Kreditor beziehen. In SAP-S/4HANA-Systemen agieren beide grundsätzlich als Geschäftspartner. Was die Abhängigkeiten von Daten und die daher zu beachtende Archivierungs- bzw. Vernichtungsreihenfolge angeht, haben Sie bei Geschäftspartnern den Debitor oder/und den Kreditor als Vorgänger. Das bedeutet: Wenn Sie einen debitorischen Geschäftspartner vernichten möchten, müssen vorher dessen jeweilige Debitorenstammdaten vernichtet worden sein. Dasselbe Prinzip gilt für den kreditorischen Geschäftspartner mit entsprechenden Kreditorenstammdaten. Die Reihenfolge lässt sich bei der Vernichtung von Geschäftspartnerstammdaten deshalb auf drei statt zwei Ebenen aufteilen. Zur Veranschaulichung haben wir für Sie Abbildung 5.6 erstellt.

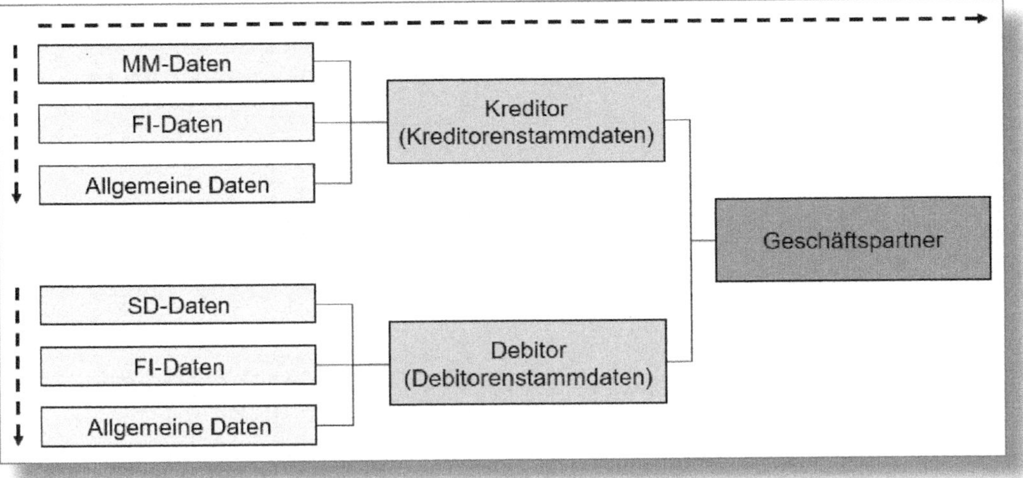

Abbildung 5.6: Abhängigkeiten, Archivierungs- und Vernichtungsreihenfolge für Geschäftspartner (CA_BUPA)

Die vertikalen Pfeile zeigen Ihnen jeweils die Archivierungs- bzw. Vernichtungsreihenfolge der Kreditoren- und Debitorenstammdaten an. Folgen Sie dem horizontalen Pfeil, sehen Sie die Reihenfolge für die gesamte Datenvernichtung, wobei die links angeordneten Felder immer die obligatorischen Vorgänger des einzelnen Feldes rechts davon darstellen.

Zusammengefasst müssen Sie beispielsweise bei der Vernichtung von debitorischen Geschäftspartnern die folgenden Läufe durchführen:

1. SD-Daten
2. FI-Daten
3. Allgemeine Daten

Den Ablauf der Schritte kennen Sie bereits. Der Schritt zur Vernichtung der Geschäftspartnerdaten verläuft analog zu den übrigen Vernichtungsläufen. In der Transaktion *SARA* geben Sie das Objekt *CA_BUPA* ein.

Sie können wiederum eine Selektion zur Einschränkung der Variante vornehmen und wählen unter den ILM-Aktionen die Datenvernichtung aus. Schließen Sie die Eingaben ab, indem Sie Ihren Vernichtungslauf starten.

5.1.4 Vernichtung von Stammdaten mit FI_ACCKNVK

Als Letztes befassen wir uns hier mit den Ansprechpartnern. Dabei gibt es zwei mögliche Szenarien:

1. Die Ansprechpartner sind in den Kreditoren- oder Debitorenstammdaten enthalten. In diesem Fall würden sie gemeinsam mit den Stammdaten der Debitoren oder Kreditoren vernichtet.
2. Die Ansprechpartner wurden separat zu den jeweiligen Stammdaten aufgenommen und müssen getrennt von Kreditoren- bzw. Debitorenstammdaten vernichtet werden.

Sofern Sie die Ansprechpartner gemeinsam mit den Kreditoren- bzw. Debitorenstammdaten löschen, geschieht dies über die Datenvernichtung mittels Archivadministration der Transaktion *SARA*. Vernichten Sie die Ansprechpartnerstammdaten jedoch separat, so führen Sie dies mithilfe des Datenvernichtungsobjekts FI_ACCKNVK des gleichnamigen ILM-Objekts durch. Sie bedienen es mithilfe der Transaktion *ILM_DESTRUCTION* – und dies ist das Stichwort für die Überleitung zu unserem nächsten Abschnitt.

5.2 Datenvernichtung in der Transaktion ILM_DESTRUCTION

Wie wir Ihnen zu Beginn dieses Kapitels erläutert haben, gibt es zwei Möglichkeiten zur Vernichtung von Daten in SAP-Systemen: Die Datenvernichtung über die Archivadministration kennen Sie bereits. Des Weiteren steht Ihnen die Transaktion *ILM_DESTRUCTION* zur Verfügung; damit werden in der Regel Daten aus der ILM-Ablage vernichtet.

Mit Aufruf der Transaktion erscheint das Einstiegsbild aus Abbildung 5.7.

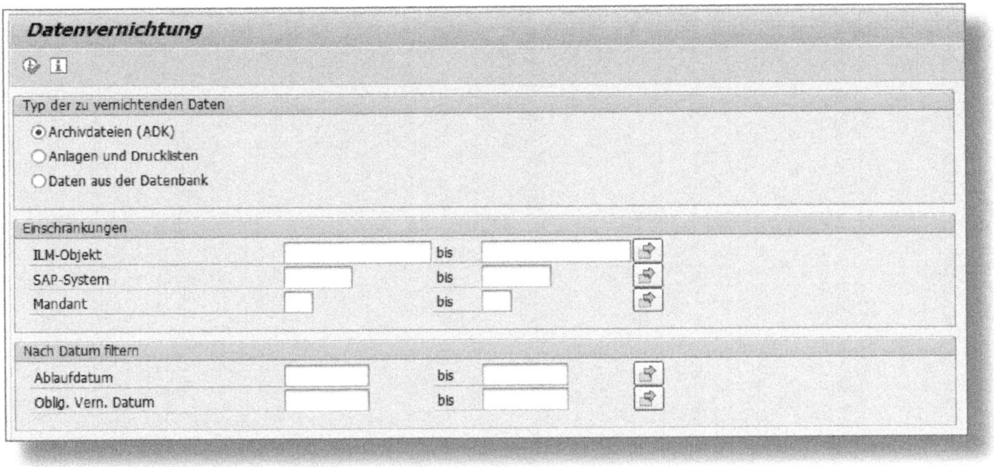

Datenvernichtung

Typ der zu vernichtenden Daten

- (•) Archivdateien (ADK)
- ( ) Anlagen und Drucklisten
- ( ) Daten aus der Datenbank

Einschränkungen

ILM-Objekt bis
SAP-System bis
Mandant bis

Nach Datum filtern

Ablaufdatum bis
Oblig. Vern. Datum bis

Abbildung 5.7: Transaktion ILM_DESTRUCTION – Einstieg

Hier haben Sie die Wahl zwischen drei Optionen für den TYP DER ZU VERNICHTENDEN DATEN: ARCHIVDATEIEN (ADK), ANLAGEN UND DRUCKLISTEN sowie DATEN AUS DER DATENBANK.

Ähnlich wie in der Transaktion *SARA* gibt es in der *ILM_DESTRUCTION* Selektionsfelder, mit deren Hilfe Sie Ihre Daten bei der Vernichtung einschränken können. Sie haben dabei die Möglichkeit, nach ILM-OBJEKTEN, SAP-SYSTEMEN und MANDANTEN zu selektieren.

☛ Freigabe zur Datenvernichtung

In der Transaktion *ILM_DESTRUCTION* geben Sie Daten zur Vernichtung frei. Im Laufe des Freigabeprozesses können Sie einsehen, welche Daten die minimale und welche die maximale Aufbewahrungszeit erreicht haben und zur Vernichtung bereit sind. Beachten Sie dabei: Daten, die ihre minimale Aufbewahrungszeit erreicht haben, **dürfen** vernichtet werden. Daten, die bereits ihre maximale Aufbewahrungszeit erreicht haben, **müssen** zwingend vernichtet werden.

Nach Bestätigung Ihrer Eingaben in der Selektionsmaske erscheint der Screen aus Abbildung 5.8.

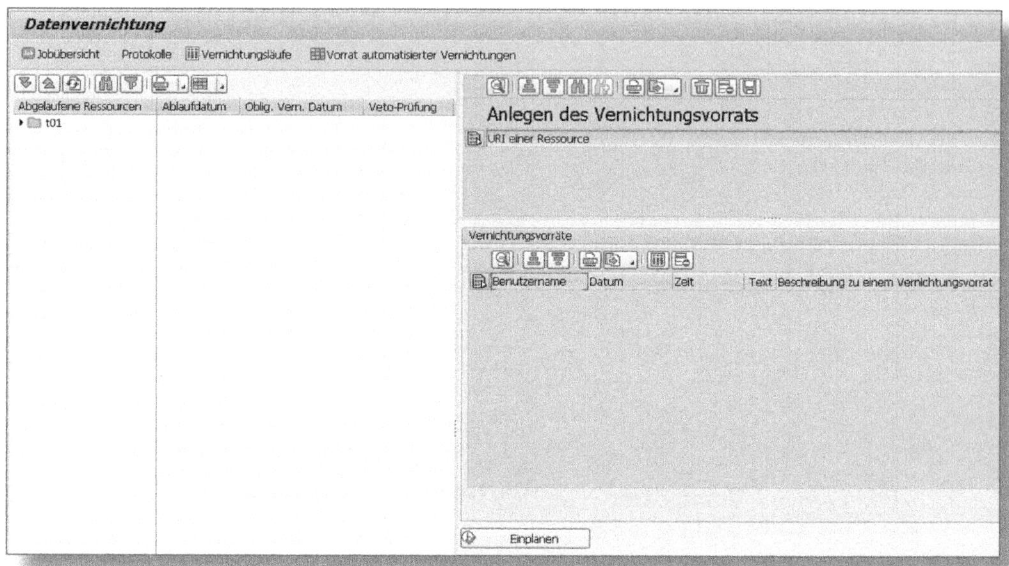

Abbildung 5.8: Datenvernichtung – Cockpit

In diesem »Cockpit« können Sie VERNICHTUNGSVORRÄTE der abgelaufenen Daten in Form von Archivdateien, Anlagen oder Drucklisten anlegen.

Beim Erreichen der Aufbewahrungszeit werden diese auf der linken Seite des Cockpits unter ABGELAUFENE RESSOURCEN dargestellt. Dies kann beispielsweise wie in Abbildung 5.9 aussehen.

Die abgelaufenen Ressourcen bzw. Dateien werden mit einem roten Icon mit einem blitzähnlichen Symbol markiert. Das bringt zum Ausdruck, dass der Aufbewahrungszeitraum dieser Daten überschritten ist und sie vernichtet werden müssen. Mit Drag-and-drop können Sie die Ressource in den rechten Bereich außerhalb der abgelaufenen Ressourcen ziehen, um sie zu Ihrem Vernichtungsvorrat zu bewegen. Wenn alle entsprechenden Ressourcen ausgewählt und dem zugehörigen Vernichtungsvorrat hinzugefügt wurden, sichern Sie Ihren Vorrat mit einem Klick auf den Speicher-Button. Der Vernichtungsvorrat wird Ihnen dann im unteren rechten Bereich der Transaktion angezeigt, wo Sie auch den Vernichtungsjob direkt einplanen und ausführen können.

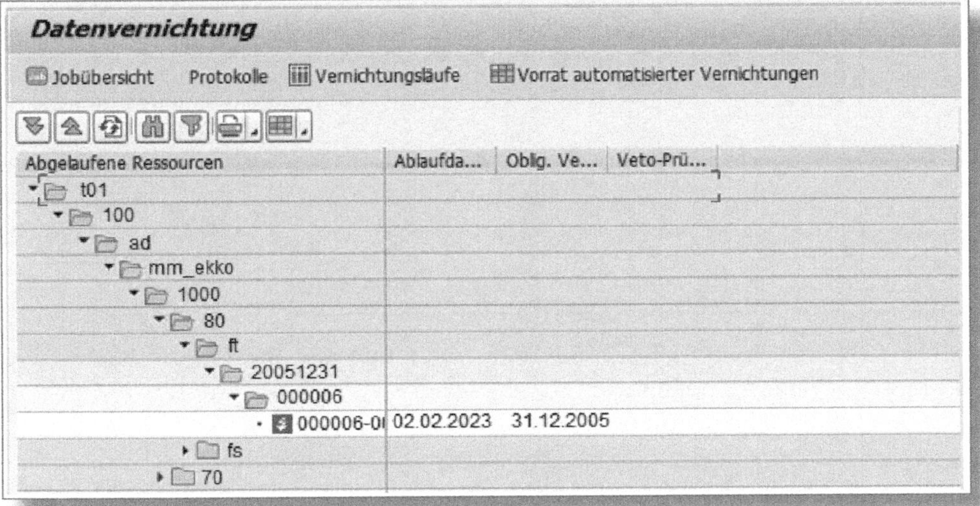

Abbildung 5.9: Datenvernichtung – abgelaufene Ressourcen

Haben Sie diese Schritte erledigt, ist die Datenvernichtung über die Transaktion *ILM_DESTRUCTION* abgeschlossen. In der JOBÜBERSICHT können Sie im Anschluss die Details Ihrer Vernichtung einsehen.

In einem schnellen Durchlauf möchten wir noch auf die Ansprechpartner eingehen, wie wir es Ihnen im vorherigen Abschnitt angekündigt haben.

Rufen Sie zur Vernichtung der Ansprechpartner die Transaktion *ILM_DESTRUCTION* auf, und tragen Sie das Datenvernichtungsobjekt *FI_ACCKNVK* ein. In unserem Beispiel sollen Daten direkt in der Datenbank vernichtet werden. Deshalb wählen Sie hier den Punkt DATEN AUS DER DATENBANK im Bereich TYP DER ZU VERNICHTENDEN DATEN aus (siehe Abbildung 5.10).

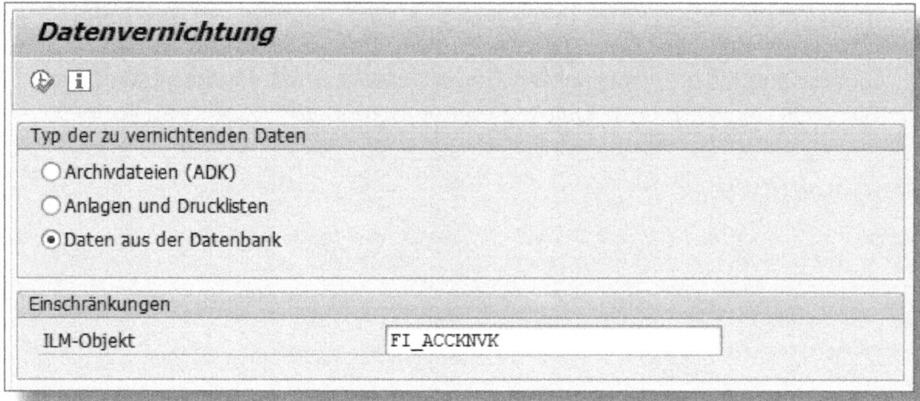

Abbildung 5.10: Vernichtung von Daten in der Datenbank

Im nächsten Schritt klicken Sie unter AKTIONEN auf den Button VERNICHTEN (siehe Abbildung 5.11), um in die Variantenpflege der Ansprechpartner zu gelangen (siehe Abbildung 5.12).

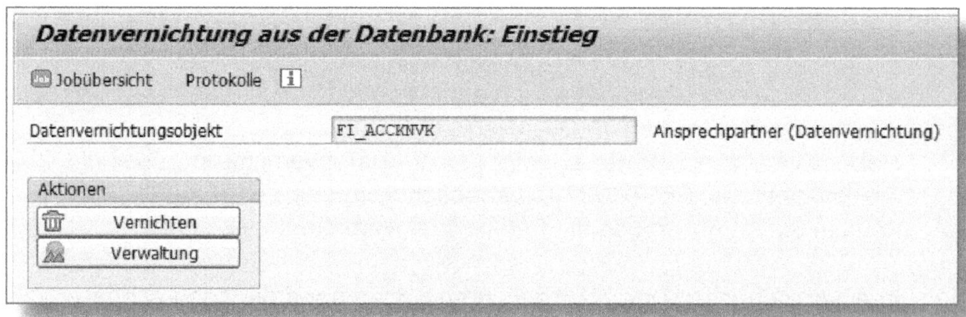

Abbildung 5.11: Vernichtung von Ansprechpartnern in der Datenbank

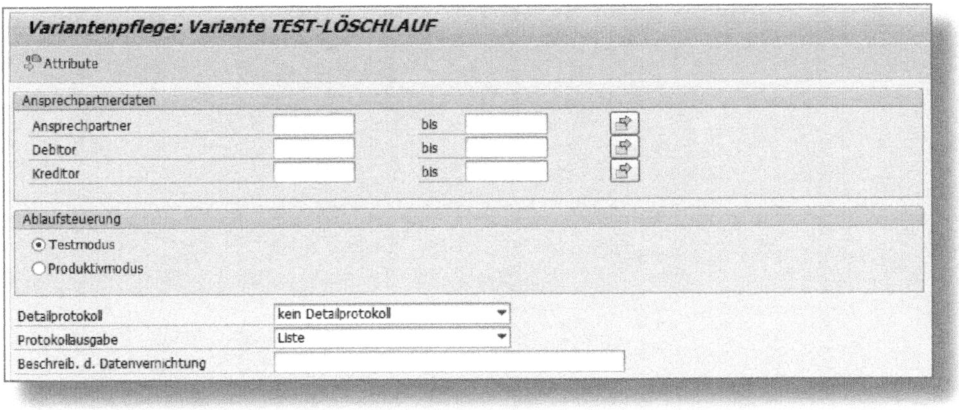

Variantenpflege: Variante TEST-LÖSCHLAUF

Attribute

Ansprechpartnerdaten

Ansprechpartner bis
Debitor bis
Kreditor bis

Ablaufsteuerung

Testmodus
Produktivmodus

Detailprotokoll: kein Detailprotokoll
Protokollausgabe: Liste
Beschreib. d. Datenvernichtung

Abbildung 5.12: Datenvernichtung Ansprechpartner – Variantenpflege

An dieser Stelle haben Sie verschiedene Selektionskriterien zur Verfügung, um die zu vernichtenden Daten einzuschränken.

Nach Eingabe aller Kriterien führen Sie den Datenvernichtungslauf aus. Die Details zur Vernichtung können Sie in der Jobübersicht einsehen.

6 Strategie und Planung

Bis zu diesem Punkt unseres Buches haben wir Ihnen grundlegendes Wissen über die Umsetzung der DSGVO und des Retention Management in SAP-Systemen vermittelt. In diesem Kapitel wollen wir Ihnen einen Vorschlag für eine sorgfältige und systematische Planung eines SAP-ILM-Projekts machen. Denn uns ist es besonders wichtig, Sie auch methodisch auf das komplexe Themengebiet »ILM« vorzubereiten.

Wenn Sie die DSGVO und das Retention Management in Ihrem SAP-System anwenden möchten, müssen Sie Ihr Motiv ableiten und eine strategische Zielsetzung konzipieren. Wie Sie im Laufe der Lektüre erfahren haben, können die Anforderungen des ILM je nach Anwendungsfall sehr individuell ausfallen. Eine frühzeitige Planung ist essenziell für ein Projekt dieser Komplexität. Schützen Sie sich daher rechtzeitig vor absehbaren Kapazitätsengpässen, mangelndem Know-how bei den zuständigen Mitarbeitern und anderen Problemen, die den Erfolg Ihres Projekts grundlegend gefährden könnten.

6.1 Strategie und Zielsetzung

Ihr SAP-ILM-Projekt stellt Sie vor die Aufgabe, auf der Grundlage des Ist-Zustands, Ihrer technischen Ausgangslage und der verfügbaren Ressourcen eine tragfähige Strategie zur Erreichung Ihrer gesteckten Ziele zu entwickeln und diese auch umzusetzen.

Betrachten Sie zuerst Ihre SAP-Landschaft. Je komplexer Ihre IT-Infrastruktur aufgebaut ist, desto umfangreicher wird die Planung und Ausführung Ihres Projekts ausfallen. Die Komplexität wird vor allem bestimmt durch die Anzahl an SAP-Systemen und die Zahl der Länder, in denen Ihr Unternehmen agiert. Haben Sie zusätzlich Non-SAP-Systeme, die auf SAP-ILM-Daten zugreifen, so müssen Sie dies beachten und einen Zugriff auf diese Daten auch nach der Archivierung gewährleisten. Fachliche Themen sollten Sie auf jeden Fall in Ihrem Projektverlauf berücksichtigen und in Ihre Planung integrieren. Die Umsetzung der DSGVO als Kern Ihres Projekts steht dabei im Mittelpunkt. Es empfiehlt sich, einen Datenschutzbeauftragten miteinzubeziehen.

Damit sind wir bei der Frage, wer an Ihrem Projekt mitwirken soll. Bestimmen Sie gemäß Ihrer Strategie, welche Akteure welche Rollen einnehmen sollen. Besonders die Fachabteilung ist für die Anwender wichtig. Sie sollte die Kommunikation und ein geeignetes Change Management übernehmen. Daneben sollte selbstverständlich die IT-Abteilung einen festen Platz in Ihrem Kernteam innehaben.

Im Schulterschluss mit diesem Kernteam konzipieren Sie Ihr Projekt. Wenden Sie eine Projektmanagementmethode an, die Ihren Bedürfnissen entspricht. Entscheiden Sie, wer für die operativen Tätigkeiten, wer für die Überwachung und Durchführung der langfristigen Aufgaben zuständig ist. Ziehen Sie einen Experten hinzu, oder schulen Sie Ihre Mitarbeiter, damit diese die Durchführung der regelmäßig fälligen Aufgaben und Anpassungen in Zukunft selbst veranlassen können.

Von Expertenwissen profitieren

Ein externer Berater wird Ihr Projekt stark bereichern. Dank seiner Praxiserfahrung vermeiden Sie Fehler, die anderen Unternehmen bei der Durchführung von SAP-ILM-Projekten möglicherweise unterlaufen sind. Profitieren Sie von seinem Know-how, vor allem dann, wenn Sie bislang noch kaum mit ILM zu tun hatten.

Zunächst einmal klingt das Hinzuziehen eines externen Experten nach einem hohen Kostenaufwand. Bedenken Sie jedoch, dass eine eigenständige Durchführung eines solchen Projekts ebenfalls gewaltige personelle, zeitliche und finanzielle Ressourcen verbraucht – so nicht zuletzt für das Erlernen der neuen Inhalte sowie die Einarbeitung von Mitarbeitern. Die Komplexität dürfen Sie an dieser Stelle nicht unterschätzen. Dazu kommt ein weiterer Faktor: Berater haben oft die Erfahrung machen müssen, dass bei einem eigenständigen Start ohne entsprechende Kenntnisse vielerlei Fehler geschehen. Es kann jedoch auch vorkommen, dass Projekte aufgrund mangelnder Erfahrung von Beratern fehlschlagen. Und nach einem schlechten Start ist die nachträgliche Fehlerkorrektur im Verlauf eines SAP-ILM-Projekts oft sehr aufwendig. Infolgedessen und aufgrund der Sensibilität der Daten ist es daher ratsam, sich bereits vor Beginn der Konzeption mit erfahrenen Experten abzustimmen. Eine fachmännische Umsetzung wird Sie vor weitaus höheren Kosten bewahren, unter Umständen sogar vor hohen Bußgeldern wegen Verstößen gegen Datenschutzbestimmungen.

Entwickeln Sie – ausgehend von Ihren Voraussetzungen – einen Leitfaden. Benennen Sie Ihre Zielsetzungen exakt, und halten Sie fest, welche Ressourcen Ihnen zur Verfügung stehen. Besprechen Sie Ihren Zeitplan bereits grob, um die nötigen personellen Ressourcen zur Verfügung zu haben, sobald sie gebraucht werden. In dieser Phase können anfallende Aufgaben besprochen und den Mitwirkenden zugewiesen werden. Ermitteln Sie, welche Funktionen besetzt werden müssen, welche Positionen ggf. ausgelagert werden sollen und wer welche Aufgabenpakete verantworten wird. Zu den wichtigsten Aufgabenpaketen in einem SAP-ILM-Projekt gehören beispielsweise:

- Analyse der Systemlandschaft
- Koordination und Projektleitung
- fachliche Konzeption
- Dokumentation
- Ausführung

In dieser Phase ist es sinnvoll, dass Sie den durchführenden Akteuren bereits entsprechende Rollen und Berechtigungen für ihre vorgesehenen Aufgaben zuweisen. Es empfiehlt sich, dies auch in einem Rollen- und Berechtigungskonzept zu dokumentieren.

Haben Sie Ihre technische und fachliche Ausgangslage erörtert, definieren Sie im nächsten Schritt anhand Ihrer strategischen Entscheidungen die grundsätzlichen Vorgehensweisen für das Projekt. Stellen Sie sich dabei insbesondere die Frage, in welchen Systemen wie und wann

Daten archiviert und gesperrt werden sollen. Beachten Sie unbedingt, dass Sie die gesetzlichen Anforderungen in den Ländern, in denen Ihr Unternehmen tätig ist, mit ihren jeweils unterschiedlichen Vorgaben erfüllen. Für die einzelnen Länder sollten zudem passende Zeitslots für die Archivierung und Sperrung gewählt werden. Berücksichtigen Sie die Zeitzonen, damit es in bestimmten Ländern oder gar Systemen nicht zu Einschränkungen im operativen Tagesgeschäft kommt.

Essenziell für Ihre Strategie sind die Ablageorte (siehe Abschnitt 2.2.2). Je nach Bedarf können hier verschiedene Methoden für Sie infrage kommen. Die Ablageoption sollte bereits während Ihrer strategischen Planung festgehalten werden: Entscheiden Sie darüber, noch bevor Sie detailliertere Konzeptionen entwickeln. Jede Ablageoption ist mit Aufwand verbunden – doch die Gewichtung der einzelnen Faktoren wird je nach Ausgangslage und Umständen unterschiedlich ausfallen. Die Beschaffung von externen Ablagemöglichkeiten sowie die Einrichtung und das Betreiben eines externen Archivservers verursachen laufende Kosten. Die personelle Auslastung Ihrer IT-Abteilung kommt hinzu. Bestimmen Sie, welche Ablageoption Ihren finanziellen und ggf. auch personellen Kapazitäten am besten gerecht wird.

Des Weiteren müssen Sie festlegen, wann Daten gesperrt werden sollen (siehe Abschnitt 6.2.2).

Wir empfehlen Ihnen daher, frühestmöglich alle Optionen gegeneinander abzuwägen, die Ihren Anforderungen entsprechen könnten. Beraten Sie sich idealerweise mit Experten, um so den Grundstein für Ihre weiteren Schritte zu legen. Schützen Sie sich vor versteckten Kosten, und prüfen Sie, ob z. B. nicht bereits Ablageoptionen lizensiert sind und von Ihnen genutzt werden können.

6.2 Projektkonzeption

Wir erwähnten des Öfteren, dass Ihnen ein Leitfaden bei der Planung als Orientierungshilfe dienen soll. Die Begriffe »Projektkonzeption« oder »Konzept« verstehen Sie bitte als Synonyme zu »Leitfaden«. In einem solchen Konzept halten Sie im Idealfall alle Schritte Ihrer Planung und Umsetzung fest. So gewährleisten Sie die Berücksichtigung aller relevanten Meilensteine in Ihrem Projekt.

Der Leitfaden dient primär der Wiedergabe und Nachvollziehbarkeit des systematischen Vorgehens. Dies ist besonders wichtig, damit die Planung vor Beginn der Implementierung festliegt. Je sorgfältiger Ihr Konzept ausgearbeitet ist, umso weniger Unklarheiten und Abweichungen von der Planung werden bei der Umsetzung auftreten.

Für Sie ist es wichtig zu identifizieren, welche Daten für eine Sperrung, Archivierung und Löschung infrage kommen. Wie Sie erfahren haben, ist eine Abstimmung mit den Anwenderfachbereichen, den Datenschutzbeauftragten und der IT-Abteilung die Basis hierfür. So können Sie von den Abteilungen aktiv benötigte Daten berücksichtigen und diese beispielsweise vor einer Sperrung, Archivierung oder Löschung bewahren. Zudem ist unter anderem die Pflicht der Aufbewahrung prüfungsrelevanter Daten, die gesetzlichen Restriktionen unterliegen, zu beachten. Dies gilt auch für Daten, deren Verwendungszweck nicht abgelaufen ist. Ihre Konzeption muss die Schnittmenge der fachlichen, technischen und gesetzlichen Anforderungen in den Mittelpunkt stellen.

Wir möchten Ihnen an dieser Stelle unseren Best-Practice-Ansatz eines Leitfadens zur bestmöglichen Umsetzung der Bestimmungen der DSGVO in SAP vorstellen. Hierbei sind die folgenden Aspekte von besonderer Bedeutung:

- Tabellen- und Datenbankanalyse
- Sperr-, Archivierungs- und Löschkonzept
- Jobeinplanung und Variantenpflege
- Anzeige

In den nachstehenden Abschnitten gehen wir detailliert auf diese einzelnen Punkte ein.

6.2.1 Tabellen- und Datenbankanalyse

Ein SAP-ILM-Projekt erfordert einen guten Überblick über die Daten des SAP-Systems. Insbesondere müssen Sie das Aufkommen an personenbezogenen Daten in Ihrem SAP-System kennen. Als für die Umsetzung zuständige Person oder als Berater agieren Sie in einer sehr verantwortungsvollen Rolle. Für eine rechtskonforme Umsetzung der DSGVO müssen Sie einordnen können, mit welchen Daten Sie es zu tun haben. Sie werden damit konfrontiert, dass die Verwaltung und Ablage sensibler Daten primär in Ihrer Gewalt liegt. Wir möchten Ihnen in diesem Abschnitt des Buches deshalb die wichtigsten Punkte der Datenanalyse in den Tabellen und in Ihrer Datenbank erläutern, damit Sie einen Überblick über die Datenstruktur des SAP-Systems bekommen.

Grundsätzlich gibt es vier führende Stammdatentabellen:

- KNA1 (Debitorenstammdaten)
- LFA1 (Kreditorenstammdaten)
- BUT000 (Geschäftspartner)
- KNVV (Ansprechpartner)

Eine Tabellen- und Datenbankanalyse von weiteren Tabellen ist im Rahmen eines SAP-Datenarchivierungsprojekts dann notwendig, wenn es noch weitere Tabellen und Objekte gibt, in denen sich personenbezogene Stammdaten befinden.

Um die personenbezogenen Daten innerhalb der weiteren Tabellen ausfindig zu machen, analysieren Sie die Inhalte der verschiedenen Tabellen. Die Tabellenanalyse können Sie beispielsweise mithilfe der Transaktionen *SE16*, *SE16H* oder *TAANA* händisch ausführen. Nach Prüfung der Inhalte erörtern Sie gemeinsam mit Ihrem Datenschutzbeauftragten, ob einzelne Tabelleneinträge als personenbezogene Daten einzustufen sind.

Eine Alternative zur händischen Analyse stellt der Einsatz externer Software dar. Auf dem Markt sind Applikationen erhältlich, die einzelne Tabellen, Felder und Daten auf ihren Personenbezug prüfen. Als Berater haben wir die Erfahrung gemacht, dass der Einsatz dieser Hilfsmittel die Prüfung der Daten durchaus vereinfachen kann. Dennoch empfehlen wir eine zusätzliche händische Prüfung. Ein Grund hierfür ist, dass die Applikationen auch Felder als relevant betrachten, die nicht zwingend auf dem Radar einer Datenschutzprüfung erscheinen würden. Beispielsweise könnte ein Feld ermittelt werden, das eine personenbezogene Angabe enthält. In diesem Feld werden aber tatsächlich lediglich Einträge mit dem personenbezogenen Datensatz der SAP gefunden. In dem Feld stünde dann beispielsweise, dass »SAP« ein personenbezogener Datensatz wäre, obwohl die Anwendung von SAP ILM zur Einhaltung der DSGVO an dieser Stelle nicht griffe. Diese Tabelle müsste dann gesperrt bzw. archiviert oder vernichtet werden. Allerdings ist der Eintrag eher irrelevant und führt zu einem unnötigen Mehraufwand. Achten Sie deshalb genau darauf, welche Einträge tatsächlich Bestandteil bestimmter Aktionen werden sollen.

6.2.2 Sperr-, Archivierungs- und Löschkonzept (SAL-Konzept)

Ihre Projektziele und die durchgeführten Analysen werden ein genaueres Bild vom Umfang Ihres Projekts ergeben. Sie haben anhand der Planung an dieser Stelle bereits einen Überblick darüber erhalten, welche Tabellen für eine Umsetzung der DSGVO und Anwendung von SAP ILM relevant sind.

Nun können Sie damit beginnen, Ihre Anforderungen hinsichtlich Verweildauer, Sperrfrist und Aufbewahrungsdauer genauer zu definieren. Fassen Sie gemeinsam mit Ihren Fachbereichen zusammen, mit welchen Datenarten Sie umgehen und welche Zeiten diesen Datenarten zugeordnet werden sollen. Behalten Sie dabei immer die Bestimmungen der DSGVO im Blick. Ihr Datenschutzbeauftragter kann Ihnen bei diesem Thema Hilfestellung leisten.

Die Bestimmung Ihrer Datenarten und der anzuwendenden Fristen innerhalb des SAP-Systems sind ganz von der speziellen Situation in Ihrem Unternehmen abhängig. Sie können auch die Darstellung und Dokumentation sämtlicher Festlegungen individuell gestalten. Wir empfehlen eine tabellarische Form, die ähnlich wie bei einer Matrix alle ILM-Objekte und die zugeordneten Datenarten mit den Zeiten simpel wiedergibt. Diese Konstellation nennen wir Sperr-, Archivierungs- und Löschkonzept – oder kurz SAL-Konzept. Es ist für die Fachbereiche und Datenschutzbeauftragten einfach abzulesen, da die Datenarten angegeben sind und schnell bestimmt werden kann, ab wann die Daten beispielsweise gesperrt oder vernichtet werden sollen. Zudem wird für den IT-Bereich die Umsetzung erleichtert, da die Datenarten den ILM-Objekten zugeordnet sind. Für Geschäftspartner kann der Eintrag im SAL-Konzept aussehen wie in Tabelle 6.1 dargestellt.

Datenart	ILM-Objekt	Sperrfrist	Archivierungsfrist	Löschfrist
Geschäftspartner (Stammdaten)	CA_BUPA	6 Monate	3 Jahre	10 Jahre

Tabelle 6.1: Beispiel SAL-Konzept

In diesem Beispiel wird eine Sperrfrist von sechs Monaten gefordert. Das bedeutet, dass personenbezogene Daten maximal sechs Monate nach Abschluss des Geschäftsvorfalls ihren EoP erreichen. Geschäftspartnerstammdaten würden in diesem Fall also sechs Monate nach Abschluss des letzten Geschäftsvorfalls gesperrt. Drei Jahre nach der Erfassung werden die Stammdaten und die dazugehörigen Bewegungsdaten archiviert, sofern der Verwendungszweck abgelaufen ist und kein aktiver Geschäftsvorfall vorliegt. Existieren die Daten bereits seit zehn Jahren und erfüllen alle Kriterien für eine Löschung, werden sie vernichtet. Das SAL-Konzept schreibt vor, dass sich die Löschfrist auf zehn Jahre beläuft. Die Daten sollen demnach nach diesen zehn Jahren schnellstmöglich gelöscht werden.

Bei der technischen Umsetzung in Ihrem SAP-System sollten Sie ergänzend zum SAL-Konzept die weiteren Parameter der Regeln bestimmen. Entscheiden Sie deshalb, wie Ihr Zeitbezug, Ihr Zeitversatz und Ihre ILM-Ablage definiert werden sollen. Sie können die ILM-Ablagen so konfigurieren, dass Daten beispielsweise je nach ihrer Art in separaten Archiven untergebracht werden. Auch hier können Sie Ihren Anforderungen entsprechend beliebige Konstellationen festlegen.

Sie können für jedes ILM-Objekt oder jede Datenart ein eigenes Konzept erstellen – je nachdem, was in Ihrem Projekt der pragmatischere Ansatz ist. Die Entscheidung bleibt Ihnen überlassen. Die Inhalte können Sie auch in das übergeordnete Projektkonzept integrieren, sofern der Überblick erhalten bleibt.

6.2.3 Jobeinplanung und Variantenpflege

Sie begeben sich Schritt für Schritt in Richtung der operativen Ausführung Ihres SAP-ILM-Projekts. Im Rahmen der Umsetzung wird es eine Aufgabe sein, die Jobs der Sperre, Archivierung und Löschung der Daten einzuplanen. Die Jobeinplanung ist ein Faktor, der in der Umsetzung vielerlei Auswirkungen hat. Planen Sie fachlich, ab wann welche Daten mit SAP ILM behandelt werden können. Sprechen Sie mit Ihrem Datenschutzbeauftragten ab, welche gesetzlichen Restriktionen innerhalb Ihres SAP-Systems zu beachten sind. Wie Sie die Jobeinplanung abgestimmt haben, sollten Sie genau dokumentieren, damit das systematische Vorgehen in Ihrem Konzept jederzeit nachvollziehbar ist und die Kommunikation mit Beteiligten transparent bleibt.

Ihre Zielsetzungen und Ihre Anforderungen bestimmen darüber, wann Ihre Daten gesperrt, archiviert und vernichtet werden müssen. Die Nutzung eines SAL-Konzepts gewinnt hier nochmals an Bedeutung. Beachten Sie die Abhängigkeiten und die Reihenfolge der ILM-Objekte, die Sie aus der klassischen SAP-Datenarchivierung übernehmen können.

6.2.4 Anzeige

Die Umsetzung der DSGVO mit SAP ILM bringt Veränderungen mit sich. Der Zugriff auf Daten ist für Anwender nach der Implementierung von ILM in manchen Anwendungen nicht mehr wie gewohnt gegeben. Wie sich die Anzeige von Stamm- und Bewegungsdaten nach einer Sperre verhält, haben Sie bereits in Kapitel 4 erfahren. Der Zugriff auf gesperrte Bewegungsdaten verläuft wie in der klassischen SAP-Datenarchivierung, da diese in technischer Hinsicht archiviert werden.

Je nach Archivierungsobjekt gibt es verschiedene Methoden, auf gesperrte Bewegungsdaten zuzugreifen – ebenso wie bei der klassischen SAP-Datenarchivierung. Die Anzeige kann über SAP-Standardtransaktionen, über den Document Relationship Browser oder mittels SAP Archive Explorer (Transaktion *SARE*) erfolgen.

Ihre Nutzer sollten Sie über eventuelle Veränderungen informieren. Erläutern Sie all dies im Rahmen der Kommunikation im Change Management. Auch in Ihrem Konzept und in Ihren Dokumentationen sollte das Thema »Anzeige gesperrter Daten« einen wichtigen Platz einnehmen.

6.3 ILM-Projekt- und Zeitplanerstellung

Einen ebenfalls wichtigen Faktor in jedem ILM-Projekt stellt die Erstellung des Projektplans und des Zeitplans dar. Dabei werden der zeitliche Ablauf und die einzelnen Meilensteine des Projekts geplant.

Beide Pläne helfen Ihnen bei der Aufgabenverteilung. Sie sollten bereits zu Beginn des Projekts festlegen, welche Daten zu welchem Zeitpunkt in welchen Bereichen und Ländern gesperrt, archiviert und vernichtet werden sollen. Nach der Vorbereitung sollten Sie die technischen Rahmenbedingungen schaffen und sicherstellen, dass die Rollen und Berechtigungen entsprechend vergeben werden.

Als Nächstes sollten Sie Workshops mit den zuständigen Abteilungen veranstalten, um Kriterien für die Daten zu bestimmen, die mit dem Retention Management behandelt werden sollen. Hier sind die Anforderungen des Datenschutzes und die Intentionen der IT- und Fachabteilungen ausschlaggebend.

Die von Ihnen festgelegten Aufgabenpakete können Sie in Ihrem Projektplan zeitlich ordnen und ggf. die Erstellung von DART-Extrakten planen.

☛ Data Retention Tool (DART)

Entwickelt wurde das SAP Data Retention Tool, um Unternehmen bei der Erfüllung von gesetzlichen Bestimmungen zur Datenhaltung für steuerliche Prüfungen zu unterstützen. Durch die regelmäßige Extraktion von steuerrelevanten Daten aus aktiven SAP-Anwendungen und deren Aufbewahrung ermöglicht DART die Einhaltung gesetzlicher Anforderungen. Die extrahierten Daten werden in sequenziellen Dateien gespeichert und können mithilfe der bereitgestellten Werkzeuge auf verschiedene Weise angezeigt werden.

Komplexere ILM-Projekte erfordern möglicherweise eine präzise Behandlung der einzelnen ILM-Objekte. Damit Sie die inhaltlichen Umfänge vollständig und übersichtlich wiedergeben können, ist es empfehlenswert, sich zur Unterstützung des Projekts einen erfahrenen SAP-ILM-Berater und/oder einen Programmierer in das Team zu holen. Dem Berater sollten diejenigen ILM-Objekte, auf die Sie Ihren Fokus gesetzt haben, selbstverständlich gut bekannt sein. Bei der komplexen Auslegung ist eine saubere Dokumentation der Änderungen und Ergebnisse notwendig. Wir empfehlen deshalb, dass Sie für jedes ILM-Objekt ein separates Konzept erstellen, das technische Merkmale, fachliche und gesetzliche Anforderungen, Dokumentationen, Einplanungen von Jobs und eine ausführliche Beschreibung des Zugriffs auf archivierte Daten enthält.

Nachdem Sie die Planung Ihrer ILM-Objekte dokumentiert haben, beginnen Sie damit, die Archivierungsläufe in einer Testumgebung durchzuführen. Planen Sie genug Zeit für Tests und Transporte ein. Insbesondere die Funktionsfähigkeit der Sperre und die Auswirkungen ebendieser sollten Sie genauestens analysieren. Je oberflächlicher Ihre Tests durchgeführt werden, desto höher ist das Risiko von Fehlern in der Produktivsetzung.

Nach der Testphase können Sie die Einstellungen aus Ihrem Konzept auf das Produktivsystem übertragen und das Go-live des Projekts beginnen. Es ist wichtig, dass Sie das beteiligte Personal schulen, um schwerwiegende Fehler bei der Umsetzung zu vermeiden. Zu Beginn der Betriebsphase, also nach dem Go-live, empfiehlt es sich, dem Projekt gesonderte Kapazitäten zuzuweisen.

An dieser Stelle möchten wir unseren Best-Practice-Ansatz zur Projektplanung noch einmal grafisch präsentieren. Er lässt sich in Form eines Fünf-Phasen-Modells darstellen (siehe Abbildung 6.1).

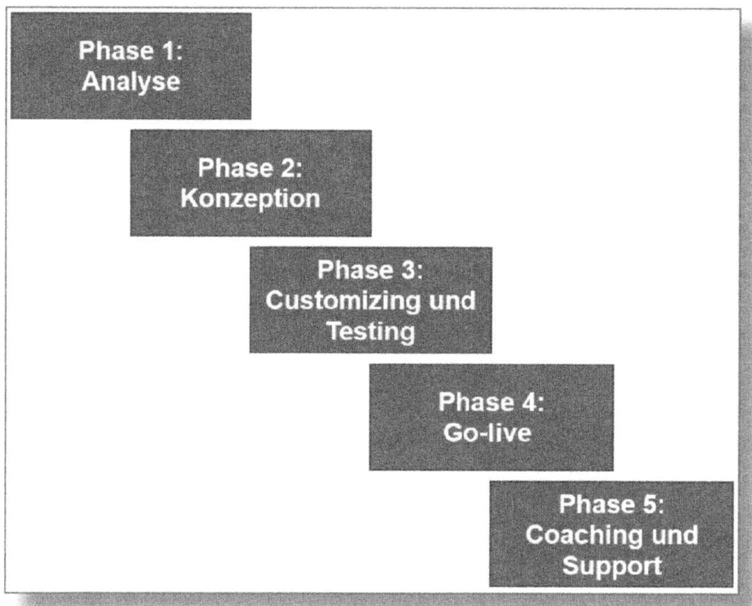

Abbildung 6.1: SAP-ILM-Projekt – Fünf-Phasen-Modell

Sobald Ihre Strategie formuliert wurde und die Planung inklusive ILM-Konzept erfolgreich festgelegt worden ist, können Sie mit der Umsetzung der DSGVO starten.

7 SAP ILM und DSGVO – ein Ausblick in die Zukunft

Die Datenschutz-Grundverordnung der Europäischen Union bleibt nicht nur ein rechtliches Regelwerk, sondern auch ein grundlegendes Element für die Integrität und das Vertrauen in die digitale Wirtschaft der Zukunft. In einer Zeit, in der Daten zu einem entscheidenden Wirtschaftsgut geworden sind, spielt die DSGVO eine Schlüsselrolle bei der Definition ethischer Standards und transparenter Geschäftspraktiken.

Die EU-Kommission hat erkannt, dass der Schutz personenbezogener Daten nicht nur eine regulatorische Anforderung ist, sondern ein essenzielles Element für das Vertrauen zwischen Unternehmen und Verbrauchern darstellt. Daher sind ihre Bemühungen, die Datenschutzbehörden zu stärken, nicht nur ein Schritt zur besseren Durchsetzung der DSGVO, sondern auch eine klare Botschaft an Unternehmen: Datenschutz ist ein integraler Bestandteil ihrer Verantwortung. Besonders kleine und mittlere Unternehmen (KMU) stehen aus Sicht der EU-Kommission vor einzigartigen Herausforderungen. Die gezielte Unterstützung dieser Unternehmen bei der Umsetzung der DSGVO ist nicht nur ein Akt der Fairness, sondern auch eine Investition in die Vielfalt und Innovationskraft der Wirtschaft. Gerade aufgrund der Ressourcenknappheit dürfen diese Unternehmen nicht ins Hintertreffen geraten, wenn es um den Datenschutz geht.

Im Kontext von SAP und der zukünftigen Entwicklung der EU-DSGVO bleibt SAP ILM eine Schlüsselkomponente. Die steigende Zahl der Migrationen zu SAP S/4HANA macht die Integration von SAP ILM nicht nur sinnvoll, sondern sogar notwendig. Unternehmen müssen ihre Daten effizient verwalten und sicherstellen, dass sie den regulatorischen Anforderungen gerecht werden. SAP ILM bietet also nicht nur Compliance, sondern auch eine strategische Grundlage für ein zukunftsorientiertes Datenmanagement.

Ein Blick auf die Cloud-Lösungen für SAP S/4HANA unterstreicht die Notwendigkeit einer differenzierten Herangehensweise an den Datenschutz. Die vermehrte Nutzung von Cloud-Technologien bietet Flexibilität und Effizienz, erfordert aber auch eine stringente Berücksichtigung von Datenschutzrichtlinien. Unternehmen, die in die Cloud migrieren, müssen sicherstellen, dass ihre Datenschutzmaßnahmen den spezifischen Anforderungen von Cloud-Infrastrukturen entsprechen. Dieser Aspekt wird in der Zukunft des Datenschutzes eine zunehmend zentrale Rolle spielen.

Zusammengefasst ist die DSGVO nicht nur ein juristisches Dokument, sondern ein Richtungsweiser für die digitale Wirtschaft. Die Bemühungen der EU-Kommission, Datenschutzbehörden zu stärken, signalisieren eine klare Absicht, den Datenschutz als zentralen Baustein für eine nachhaltige und vertrauensvolle digitale Zukunft zu etablieren. Unternehmen, die nicht nur die regulatorischen Anforderungen erfüllen, sondern Datenschutz als Teil ihrer Unternehmensidentität verstehen, werden nicht nur das Vertrauen ihrer Kunden gewinnen, sondern auch erfolgreich in einer datengetriebenen Ära agieren.

Im Zuge der Diskussion über die Auswirkungen der DSGVO auf Unternehmenssoftware haben wir bisher den Fokus auf SAP-Systeme, insbesondere im Zusammenhang mit SAP-ERP-Systemen, gelegt. Diese Systeme spielen zweifellos eine zentrale Rolle bei der Datenverwaltung und dem Datenschutz. Dennoch ist es unzureichend, sich auf ERP-Systeme zu beschränken, wenn wir die breite Landschaft von Unternehmenssoftware vor Augen haben.

Unternehmen verwenden nicht nur ERP-Systeme, sondern setzen auch eine Vielzahl anderer Anwendungen ein, darunter Customer Relationship Management (CRM) und Human-Resources(HR)-Systeme. Diese sind von entscheidender Bedeutung für die Verwaltung von Kundendaten und Mitarbeiterinformationen, die ebenfalls sensiblen Datenschutzbestimmungen unterliegen.

CRM-Systeme bilden das Rückgrat der Kundenbeziehungen und enthalten oft persönliche Informationen über Kunden. Im SAP-Kontext müssen Unternehmen sicherstellen, dass ihre Datenschutzmaßnahmen nicht nur auf ERP-Systeme beschränkt sind, sondern auch CRM-Systeme abdecken. Die Integration von Datenschutz in CRM-Systeme erfordert eine sorgfältige Abwägung von technologischen Anpassungen und eine Sensibilisierung der Mitarbeiter für einen verantwortungsbewussten Umgang mit Kundendaten.

HR-Systeme, die Mitarbeiterdaten verwalten, sind ein weiterer sensibler Bereich im Kontext der DSGVO. Dies betrifft nicht nur grundlegende Informationen, sondern auch Aspekte wie Gehalts- und Leistungsdaten. In der SAP-Welt ist es unabdingbar, dass Datenschutzmaßnahmen auch HR-Systeme berücksichtigen, um die umfassenden Anforderungen der DSGVO zu erfüllen.

Die Herausforderungen und Best Practices für Datenschutz in CRM- und HR-Systemen können variieren; es ist daher entscheidend, die spezifischen Datenverarbeitungsaktivitäten und Risiken in diesen Systemen zu verstehen. Unternehmen sollten in ihren Datenschutzstrategien Maßnahmen ergreifen, die über technologische Anpassungen hinausgehen, und Mitarbeiter schulen, um sicherzustellen, dass alle relevanten Datenschutzbestimmungen eingehalten werden.

In Zukunft wird die Integration von Datenschutzmaßnahmen in CRM- und HR-Systemen weiter an Bedeutung gewinnen. Ein ganzheitlicher Datenschutzansatz, der alle relevanten SAP-Anwendungen einbezieht, wird nicht nur den rechtlichen Anforderungen entsprechen, sondern auch das Vertrauen von Kunden und Mitarbeitern stärken. Daher sollten SAP ILM und die DSGVO nicht als isolierte Herausforderung für ERP-Systeme betrachtet werden, sondern als Anstoß für eine umfassende Neubewertung und Optimierung der Datenschutzmaßnahmen in allen SAP-Systemen, die personenbezogene Daten verarbeiten.

In der zukünftigen Ausrichtung von SAP rücken auch alternative Methoden wie Anonymisierung und Maskierung von Daten verstärkt in den Fokus, sie bieten dabei eine vielversprechende Ergänzung zu etablierten Lösungen wie SAP ILM. Diese Ansätze spielen eine entscheidende Rolle, um den stetig wachsenden Anforderungen an Datenschutz und Datensicherheit gerecht zu werden.

Die Anonymisierung von Daten in SAP-Systemen ermöglicht es, personenbezogene Informationen so zu verändern, dass sie nicht mehr direkt einer identifizierbaren Person zugeordnet werden können. Dieser Prozess erstreckt sich von der Datenbank- bis zur Anwendungsebene und bietet eine effektive Möglichkeit, Daten für Analysen und Tests zu nutzen, ohne dabei die Privatsphäre der betroffenen Personen zu gefährden. Durch diese Methode wird gewährleistet, dass Unternehmen weiterhin umfassende Datenanalysen durchführen können – allerdings ohne personenbezogene Informationen preiszugeben (siehe Abbildung 7.1).

☛ Informationen zur Anonymisierung von Daten in SAP

Weitere Informationen zu diesem Thema entnehmen Sie dem Best-Practice-Dokument der SAP mit dem Titel »SAP HANA Data Anonymization Guide« (*https://help.sap.com/doc/258006578a074e5295ac2ac422951f4a/2.0.06/en-US/SAP_HANA_Data_Anonymization_Guide_en.pdf*).

Die Maskierung (engl.: »Masking«) von Daten ist eine Sonderform der Anonymisierung, sie konzentriert sich darauf, bestimmte Teile der Daten durch Platzhalter oder pseudonymisierte Werte zu ersetzen. Auf diese Weise wird die Identifizierung von Personen(daten) auch ohne eine Löschung verhindert. Im Vergleich zur Anonymisierung behalten die Daten ihre Struktur und Relevanz für Reporting- und Testzwecke. SAP-Systeme ermöglichen eine flexible Implementierung der Maskierung auf verschiedenen Ebenen, wodurch Unternehmen sensible Informationen wie Sozialversicherungsnummern oder Gehaltsdaten effektiv verschleiern können, während die Integrität der Daten bewahrt bleibt. Hierzu gibt es bereits eine Lösung von der SAP.

☛ Informationen zur Maskierung von Daten in SAP

Um Ihr Verständnis für Datenschutzmaßnahmen mittels Maskierung zu vertiefen, empfehlen wir Ihnen, die offizielle Dokumentation von SAP zu diesem Thema zu besuchen. Sie bietet detaillierte Einblicke in Maskierungsfunktionen und erläutert bewährte Verfahren für die Implementierung (*https://help.sap.com/docs/SAP_HANA_PLATFORM/b3ee5778bc2e4a089d3299b82ec762a7/aaa8d28740ea4cfd907d5a70017b1633.html*).

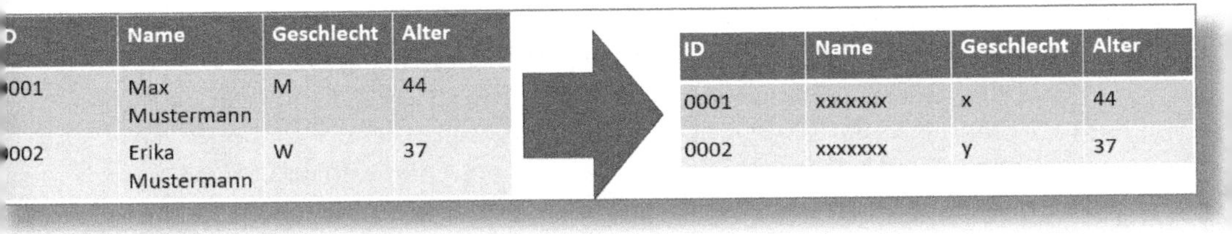

D	Name	Geschlecht	Alter
001	Max Mustermann	M	44
002	Erika Mustermann	W	37

ID	Name	Geschlecht	Alter
0001	xxxxxxx	x	44
0002	xxxxxxx	y	37

Abbildung 7.1: Vorher-nachher-Vergleich der Anonymisierung von Daten

Diese alternativen Ansätze stellen keine Konkurrenz zu SAP ILM dar, sondern bieten vielmehr eine sinnvolle Ergänzung hierzu. Während SAP ILM auf das Datenlebenszyklusmanagement und die Vernichtung von Daten abzielt, eröffnen Anonymisierung und Maskierung zusätzliche Möglichkeiten zur gezielten Kontrolle des Zugriffs auf sensible Informationen, insbesondere für Test- und Reportingzwecke. Unternehmen können auf diese Weise eine umfassende Datenschutzstrategie implementieren, die nicht nur auf rechtlichen Anforderungen basiert, sondern auch eine proaktive Maßnahme zur Stärkung des Vertrauens von Kunden und Partnern darstellt.

Die Integration von Anonymisierung und Maskierung in SAP-Systeme verdeutlicht den Trend, Datenschutz als ein facettenreiches Konzept zu betrachten. Diese alternativen Methoden bieten Unternehmen die Flexibilität, ihre Datenschutzpraktiken zu diversifizieren und gleichzeitig ihre Datenmanagementstrategien zu optimieren. In diesem Kontext bleibt SAP ILM eine relevante Komponente für das ganzheitliche Datenmanagement, während Anonymisierung und Maskierung als wertvolle Ergänzungen fungieren, um eine umfassende und effektive Datenschutzstrategie zu gewährleisten.

Inmitten der sich ständig weiterentwickelnden Datenschutzlandschaft nimmt das Recht auf Auskunft gemäß der DSGVO eine herausragende Stellung ein. Dieses Recht ermöglicht es Einzelpersonen, von Unternehmen Auskunft über die Verarbeitung ihrer personenbezogenen Daten zu erhalten. Um dieser Anforderung gerecht zu werden, hat die SAP eine innovative Lösung entwickelt: das SAP Information Retrieval Framework (SAP IRF).

SAP IRF ist ein leistungsstarkes Tool, das den Prozess der Beantwortung von Auskunftsanfragen automatisiert. Es durchsucht dabei verschiedene SAP-Anwendungen, extrahiert relevante Informationen und stellt diese in einer übersichtlichen Form bereit. Diese Funktionalität ermöglicht Unternehmen nicht nur transparente und effiziente Prozesse für das Recht auf Auskunft, sondern gewährleistet auch, dass die Anforderungen der DSGVO erfüllt werden.

Ein praktisches Beispiel verdeutlicht die Effektivität von SAP IRF: Angenommen, ein Kunde möchte Auskunft darüber erhalten, welche personenbezogenen Daten über ihn gespeichert sind. Durch die Integration von SAP IRF kann das Unternehmen systemübergreifend nach den relevanten Informationen suchen. Das Tool identifiziert und extrahiert automatisch Daten aus verschiedenen SAP-Anwendungen und präsentiert die Ergebnisse in einer klaren und verständlichen Form.

Durch die Automatisierung im Rahmen des SAP-IRF-Prozesses kann das Unternehmen nicht nur zeitnah auf Auskunftsanfragen reagieren, sondern auch gewährleisten, dass die bereitgestellten Informationen korrekt und im Einklang mit den Datenschutzbestimmungen sind. Dies steigert nicht nur die Effizienz, sondern stärkt auch das Vertrauen der Kunden in den verantwortungsbewussten Umgang mit ihren personenbezogenen Daten.

Die Integration von SAP IRF in die Datenschutzstrategie von Unternehmen ist somit nicht nur eine Reaktion auf gesetzliche Anforderungen, sondern auch eine proaktive Maßnahme, um Datenschutz transparent und nutzerfreundlich zu gestalten. Das Tool trägt dazu bei, die Anforderungen des DSGVO-Auskunftsrechts umfassend zu erfüllen, und setzt dabei neue Maßstäbe in Bezug auf Effizienz und Compliance im Bereich Datenschutz. Für einen detaillierten Einblick in das SAP IRF und eine Anleitung zur Implementierung sowie Konfiguration empfehlen wir den offiziellen SAP IRF Guide. Dieser Leitfaden bietet umfassende Informationen und praktische Anleitungen für die effektive Nutzung dieses Tools *(https://help.sap.com/docs/ABAP_PLATFORM/1b0aa06133bd47ce8843635a99ee8ef5/b7ce5c62b41947adbf034900bd7eb084.html)*.

Mit Blick auf die Zukunft ist es wahrscheinlich, dass weitere neue Technologien auf den Grundprinzipien der DSGVO aufbauen werden. Unternehmen werden bestrebt sein, innovative Lösungen zu entwickeln, die nicht nur den technologischen Fortschritt widerspiegeln, sondern auch den höchsten Standards in Bezug auf Datenschutz und Datensicherheit genügen. SAP-Systeme werden in dieser Entwicklung eine Schlüsselrolle spielen, da sie eine zentrale Position in den Geschäftsprozessen vieler Organisationen weltweit einnehmen.

Die Anpassungsfähigkeit von SAP-Systemen und deren Anwendern wird entscheidend sein, um mit den sich verändernden Anforderungen der DSGVO Schritt zu halten. Dementsprechend ist es für Unternehmen entscheidend, proaktiv und informiert zu agieren.

Die DSGVO ist kein statisches Gesetz, sondern unterliegt Veränderungen und Anpassungen, die es erforderlich machen, dass Unternehmen kontinuierlich ihre Datenschutzpraktiken evaluieren und aktualisieren.

Um auf dem Laufenden zu bleiben, sollten Unternehmen regelmäßig Schulungen und Weiterbildungen für ihre Mitarbeiter anbieten. Ein tiefes Verständnis der aktuellen Gesetzeslage und der potenziellen Auswirkungen auf die Geschäftsprozesse ist entscheidend. Eine Zusammenarbeit mit Datenschutzexperten und Rechtsberatern kann hierbei ebenfalls von Vorteil sein, um sicherzustellen, dass sämtliche Aspekte der DSGVO angemessen berücksichtigt werden.

Die Einrichtung eines internen Datenschutzteams oder die Benennung eines Datenschutzbeauftragten kann ebenfalls dazu beitragen, dass Datenschutzfragen kontinuierlich überwacht und bewertet werden. Dieses Team sollte eng mit den IT- und SAP-Verantwortlichen zusammenarbeiten, um sicherzustellen, dass die technischen Maßnahmen im Einklang mit den rechtlichen Anforderungen stehen.

Des Weiteren ist es empfehlenswert, interne Datenschutzaudits durchzuführen, um potenzielle Risiken zu identifizieren und zu minimieren. Diese Audits sollten nicht nur die technischen Aspekte, sondern auch die organisatorischen Prozesse und die Mitarbeitersensibilisierung umfassen.

Darüber hinaus ist es im Kontext von SAP-Systemen ratsam, die Entwicklungen in der SAP-Welt genau zu verfolgen. SAP veröffentlicht regelmäßig Updates und Verbesserungen, die auch die Sicherheit und Compliance betreffen können. Unternehmen sollten sicherstellen, dass ihre SAP-Systeme stets auf dem neuesten Stand sind und sie die aktuellen Sicherheits- und Datenschutzfeatures nutzen. Neben den SAP News sollten sie auch die Änderungen und Entwicklungen der DSGVO aufmerksam verfolgen. Quellen wie die Europäische Kommission, nationale Datenschutzbehörden und Fachpublikationen bieten kontinuierlich Informationen zu neuen Bestimmungen und Richtlinien. Nachfolgend sind einige der wichtigsten Institutionen und Gremien, die im Bereich Datenschutz tätig sind, aufgelistet:

Europäischer Datenschutzausschuss (EDSA):

Der Europäische Datenschutzausschuss ist das zentrale Gremium für die Zusammenarbeit der Datenschutzbehörden der EU-Mitgliedstaaten. Er hat die Aufgabe, einheitliche Standards für den Datenschutz in der gesamten EU sicherzustellen. Der Ausschuss besteht aus Vertretern der nationalen Datenschutzbehörden und des Europäischen Datenschutzbeauftragten.

Europäischer Datenschutzbeauftragter (EDSB):

Der Europäische Datenschutzbeauftragte ist eine unabhängige Institution, die für die Überwachung und Kontrolle der Anwendung der Datenschutzvorschriften in den Organen und Einrichtungen der EU zuständig ist. Der Beauftragte ist für die Förderung bewährter Praktiken im Bereich Datenschutz verantwortlich.

Bundesbeauftragter für den Datenschutz und die Informationsfreiheit (BfDI):

Der Bundesbeauftragte für den Datenschutz und die Informationsfreiheit ist die zentrale Datenschutzbehörde des Bundes. Diese unabhängige Institution überwacht die Einhaltung datenschutzrechtlicher Bestimmungen auf Bundesebene und ist Ansprechpartner für Bürger in Datenschutzfragen.

Datenschutzkonferenz (DSK):

Die Datenschutzkonferenz ist ein Gremium, das aus den unabhängigen Datenschutzbehörden des Bundes und der Länder besteht. Sie koordiniert die Zusammenarbeit zwischen den Datenschutzaufsichtsbehörden und fördert die einheitliche Anwendung datenschutzrechtlicher Bestimmungen.

Landesdatenschutzbehörden in den Bundesländern:

Jedes Bundesland hat eigene Landesdatenschutzbehörden wie beispielsweise den Landesbeauftragten für den Datenschutz in Baden-Württemberg, das Bayerische Landesamt für Datenschutzaufsicht in Bayern oder die Landesbeauftragte für Datenschutz und Informationsfreiheit in Nordrhein-Westfalen.

Gerichtshof der Europäischen Union (EuGH):

Der Gerichtshof der Europäischen Union spielt eine Rolle bei der Auslegung und Anwendung der Datenschutzvorschriften. Er kann in Fällen, die den Datenschutz betreffen, relevante Entscheidungen treffen und Grundsatzurteile fällen.

Insgesamt wird die DSGVO in Zukunft weiterhin eine treibende Kraft für den Datenschutz in der digitalen Wirtschaft sein. Unternehmen, die ihre SAP-Systeme als Teil einer umfassenden Datenschutzstrategie begreifen, werden in der Lage sein, nicht nur rechtliche Anforderungen zu erfüllen, sondern auch ein Vertrauensverhältnis zu ihren Kunden aufzubauen und zu festigen. Die Integration und Anpassung von SAP-Systemen an diese Richtlinien werden daher nicht nur als regulatorische Pflicht betrachtet, sondern auch als strategische Investition in die Sicherheit, Integrität und den langfristigen Erfolg des Unternehmens.

8 Fazit

In der heutigen digitalen Welt sind Daten für Unternehmen von unschätzbarem Wert. Im SAP-Umfeld bilden sie die Grundlage für die Planung, Steuerung und Kontrolle der Geschäftsprozesse. Die Verwaltung und der Schutz der Daten sind von größter Relevanz. Letztendlich trägt ein gutes Datenmanagement zur Sicherstellung des Unternehmenserfolgs bei.

In diesem Zusammenhang spielt SAP ILM eine wichtige Rolle. Die europäische Datenschutz-Grundverordnung (DSGVO) und das Bundesdatenschutzgesetz (BDSG) haben die Bedeutung des Datenschutzes für Unternehmen auch in SAP-Systemen weiter vergrößert.

Wir bitten Sie an dieser Stelle, dieses Thema nicht auf die leichte Schulter zu nehmen. Die dringend notwendige Umsetzung der DSGVO-Bestimmungen sollten Sie schnellstmöglich in Angriff nehmen. Unser Motto lautet hier: Je früher, desto besser! Stellen Sie als Unternehmen unbedingt sicher, dass Sie alle einschlägigen Bestimmungen einhalten, um nicht nur hohe Bußgelder zu vermeiden, sondern sich auch das Vertrauen Ihrer Kunden und Partner zu erhalten.

SAP ILM bietet Unternehmen eine effiziente Möglichkeit, Daten während ihres Lebenszyklus zu verwalten. Mit seiner Hilfe lassen sich u. a. Regeln festsetzen, um sicherzustellen, dass Daten automatisch gesperrt, archiviert oder gelöscht werden, wenn sie nicht mehr benötigt werden. Holen Sie für sich und Ihr Unternehmen das Beste aus den Funktionen von SAP ILM heraus.

Im Vergleich zur klassischen Datenarchivierung bietet SAP ILM zahlreiche Vorteile: Diese Komponente kann auf verschiedene Arten von Daten zugreifen, unabhängig davon, wo sie gespeichert sind. Sie erlaubt zudem eine bessere Kontrolle der Daten, da sie Unternehmen in die Lage versetzt, Daten automatisch zu archivieren, zu sperren oder zu vernichten. Die Technologie, die hinter SAP ILM steckt, ist sehr ausgereift und bietet Unternehmen eine zuverlässige Möglichkeit, ihre Daten zu verwalten.

Wenn Sie ein SAP-ILM-Projekt beginnen, vergewissern Sie sich zunächst, wie es im Einzelnen gestaltet werden kann und wie es ablaufen soll. Nutzen Sie unser Kapitel 6 dabei als Leitfaden. Besprechen Sie bereits frühzeitig die Planung und die Durchführung der Umsetzung des Retention Management sowie der DSGVO in Ihrem SAP-System. Ihre Fachabteilungen werden mit einigen Änderungen konfrontiert, die es zu meistern gilt. Dabei wird es primär um den Zugriff auf veraltete archivierte und gesperrte Daten gehen. Ein entsprechendes Change Management hilft Ihnen dabei, Zugriffe für die Anwender zu vereinfachen und sie über nicht mehr zugängliche Daten zu informieren. Denken Sie zudem daran, genug Kapazitäten und vollumfängliches Know-how einzuplanen. Überlegen Sie sich, wer an Ihrem Projekt beteiligt sein wird und ob Sie weitere Personalressourcen benötigen. Auch dieser Aspekt ist Teil einer sorgfältigen Planung, denn Ihr Projekt sollte Kernfragen und Ziele bereits vor der Konzeption beantworten können. Bieten Sie Ihren Mitarbeitern für alle Zwecke ergänzende Learnings an, die in den Aufgabenpaketen Ihres Konzepts enthalten sein sollten. Befolgen Sie die korrekte Reihenfolge der Projektplanung, damit Sie das Tagesgeschäft der SAP-Anwender Ihres Unternehmens nicht einschränken. Achten Sie auf eine gute Kommunikation während der Schulungsphase und zu Beginn des Go-live.

Nach der Lektüre dieses Buches kennen Sie die Grundlagen von SAP ILM. Nutzen Sie seine Inhalte als Orientierungshilfe innerhalb Ihres Projekts. Nehmen Sie unsere Ratschläge an, und setzen Sie diese um.

Nichtsdestotrotz wollen wir an dieser Stelle eine kleine Warnung aussprechen: In diesem Buch konnten wir selbstverständlich nicht auf jeden möglichen Anwendungsfall von SAP-ILM-Projekten eingehen. Jedes Unternehmen, jede Ausgangssituation und jedes Ziel erfordern ein völlig anderes, individuelles Vorgehen. Wir möchten Sie deshalb bitten, unsere Ratschläge – trotz aller Praxisnähe – nicht zu verallgemeinern. Die fachliche Abstimmung und technische Umsetzung Ihrer Anforderungen kann an verschiedenen Stellen sehr viel komplexer (aber unter

Umständen auch einfacher) ausfallen als die Beispiele und Erläuterungen, die wir Ihnen präsentiert haben. Fakt ist, dass es so viele verschiedene Vorgehensweisen wie SAP-Systeme gibt.

Wir empfehlen, vor eigenständigem Vorgehen ausreichend Wissen und Erfahrung zu sammeln. Insbesondere aufgrund von Restriktionen im gesetzlichen Rahmen sollten Sie sich mit Experten abstimmen. Mit IT-Projekten werden oft hohe Investitionen assoziiert, aber durch eine sorgfältige Planung und Umsetzung können unnötige Kosten vermieden werden. Ein Berater kann hierbei helfen, indem er die Planung und Durchführung des Projekts vereinfacht. Eine ganzheitliche Betrachtung der Themen aus den Bereichen IT, Recht und Betriebswirtschaft bedeutet Komplexität, alle Faktoren müssen genau abgestimmt werden. Ihre endgültige Strategie und Ihr Lösungsansatz sollten alle relevanten Bereiche und Vorgaben einbeziehen, um Fehler zu vermeiden. Die Mitwirkung von erfahrenen Akteuren im Projekt ist dabei von Vorteil, um Bußgelder und hohe Kosten zu vermeiden.

Bei einer S/4HANA-Transformation empfiehlt die SAP SE eine Datenarchivierung mit SAP ILM als Vorprojekt. Auf diese Weise können Sie bei der Konvertierung mit der Brownfield-Methode oder beim Neubeginn »auf der grünen Wiese« mit der Greenfield-Methode hohe Kosten und viel Organisationsaufwand einsparen. Die Transformation zu S/4HANA ist aufgrund der angekündigten Einstellung aller Dienste für SAP ERP unumgänglich. Die Relevanz der SAP-Datenarchivierung wird durch gesetzliche Vorgaben wie die DSGVO nochmals unterstrichen. Die Einführung von SAP ILM wird aus diesen Gründen in Zukunft ein immer relevanteres Thema werden.

A Die Autoren

Cihan Kaya ist Senior Managing Consultant mit den Schwerpunkten SAP-Datenarchivierung, SAP Data Retention Tool (DART), SAP Information Lifecycle Management (ILM) und Archivierung im Rahmen der S/4HANA-Transformation.

Den Einstieg in das Themengebiet fand er im führenden Unternehmen für SAP-Datenarchivierung, AHMETTUERK/IT AND STRATEGY Consulting. Bereits während seines Studiums war er an diesem Thema interessiert und schrieb seine Thesis im Studiengang Betriebswirtschaftslehre über die Auswirkungen der Transformation von SAP ERP zu S/4HANA auf die SAP-Datenarchivierung.

Nach dem Abschluss seines Studiums wirkte er als hauptberuflicher SAP-Consultant bei namhaften Kunden in verschiedenen Branchen. Dabei führte er zahlreiche Projekte in der SAP-Datenarchivierung bei internationalen Unternehmen durch. In diesem Buch teilt Cihan Kaya sein umfangreiches Fachwissen auf diesem Gebiet.

Koautor Birol Ince ist Consultant für SAP-Datenarchivierung, SAP DART und SAP ILM.

Bei dem internationalen Marktführer für SAP-Datenarchivierung, AHMETTUERK/IT AND STRATEGY Consulting, kam er als Junior Consultant erstmals mit der SAP-Datenarchivierung in Berührung. Seine Expertise in diesem Bereich weitete er nach dem Abschluss des Studiengangs der Betriebswirtschaftslehre und während seiner Beschäftigung aus: Birol Ince wurde von Ahmet Türk, dem renommierten Experten auf dem Gebiet der SAP-Datenarchivierung, zum Consultant mit den Schwerpunkten SAP-Datenarchivierung und SAP ILM ausgebildet. Er ist seither auf diesen Gebieten für namhafte Kunden tätig. Seine Fachkenntnisse konnte er bereits in zahlreichen Projekten unter Beweis stellen und bringt sie unterstützend in dieses Buch mit ein.

B Index

A

B

C

D

E

G

I

V

W

Z

C Disclaimer

Die in diesem Werk wiedergegebenen Gebrauchsnamen, Handelsnamen, Warenbezeichnungen usw. können auch ohne besondere Kennzeichnung Marken sein und als solche den gesetzlichen Bestimmungen unterliegen. Sämtliche in diesem Werk abgedruckten Bildschirmabzüge unterliegen dem Urheberrecht der SAP SE, Dietmar-Hopp-Allee 16, 69190 Walldorf.

In dieser Publikation wird auf Produkte der SAP SE Bezug genommen. SAP®, ABAP®, ExpenseIt®, Joule, OpenSAP®, SAP ActiveAttention®, SAP® Adaptive Server® Enterprise, SAP® Advantage Database Server®, SAP® AppGyver®, SAP Ariba®, SAP Business ByDesign®, SAP® Business Explorer®, SAP® Bex, SAP® BusinessObjects, SAP® BusinessObjects Explorer®, SAP® BusinessObjects Web Intelligence®, SAP Business One®, SAP Business Workflow®, SAP BW/4HANA®, SAP Concur®, SAP® Crystal Reports®, SAP EarlyWatch®, SAP® Emarsys®, SAP Fieldglass®, SAP Fiori®, SAP Garden®, SAP® Global Trade Services (SAP® GTS®), SAP HANA®, SAP® Jam, SAP Lumira®, SAP MaxAttention®, SAP® MaxDB®, SAP NetWeaver®, SAP® PartnerEdge®, SAP® Sapphire®, SAP® PowerBuilder®, SAP® PowerDesigner®, SAP® R/3®, SAP® Replication Server®, SAP® Roambi®, SAP S/4HANA®, SAP S/4HANA® Cloud, SAP Signavio®, SAP® SQL Anywhere®, SAP Strategic Enterprise Management® (SAP® SEM®), SAP SuccessFactors®, SAP Vora®, Taulia®, The Best Run SAP®, TripIt® und weitere im Text erwähnte SAP-Produkte und -Dienstleistungen sowie die entsprechenden Logos sind Marken oder eingetragene Marken der SAP SE in Deutschland und anderen Ländern. Die Angaben im Text sind unverbindlich und dienen lediglich zu Informationszwecken. Produkte können länderspezifische Unterschiede aufweisen.

Der SAP-Konzern übernimmt keinerlei Haftung oder Garantie für Fehler oder Unvollständigkeiten in dieser Publikation. Der SAP-Konzern steht lediglich für SAP-Produkte und -Dienstleistungen nach der Maßgabe ein, die in der Vereinbarung über die jeweiligen Produkte und Dienstleistungen ausdrücklich geregelt ist. Aus den in dieser Publikation enthaltenen Informationen ergibt sich keine weiterführende Haftung.

Weitere Bücher von Espresso Tutorials

Andreas Schuster:

Praxishandbuch SAP® HANA – Administration

- Architekturkonzepte von SAP HANA verstehen und anwenden
- Sizing, Skalierbarkeit, Mandantenfähigkeit, Hochverfügbarkeit
- Probleme vermeiden, frühzeitig erkennen und beseitigen
- Einfach nachvollziehbar anhand der SAP HANA, express edition

http://5265.espresso-tutorials.de

Andreas Unkelbach:

SAP S/4HANA® Migration Cockpit – Datenmigration mit LTMC und LTMOM

- Grundlagen zur erfolgreichen Datenmigration
- Ablösung der LSMW durch das SAP S/4 HANA Migration Cockpit (LTMC)
- Templatepflege, Fehlerbehandlung und Regeln zur Datenübernahme
- Erweiterungen durch den S/4HANA-Migrationsobjekt-Modeler (LTMOM)

http://5318.espresso-tutorials.de

Sebastian Brunner, Martin Munzel, Philipp Reichhardt:

Schnelleinstieg in SAP S/4HANA®

- Modulübergreifende Darstellung der Geschäftsprozesse
- SAP-Grundbegriffe einfach und verständlich erklärt
- Einführung in die neue Benutzeroberfläche »Fiori 2.0«
- Praxisnahe Geschäftsprozesse unter SAP S/4HANA

http://5341.espresso-tutorials.de

Martin Kipka:

SAP® Activate – Agilität in SAP®-Implementierungsprojekten

- Aktiv im Team arbeiten
- Schlank in der Dokumentation
- Agil auf Herausforderungen reagieren
- Professionell durch methodisches Framework

http://5378.espresso-tutorials.de

Cihan Kaya:

Datenarchivierung in SAP®

- Einführung in die Grundlagen der SAP-Datenarchivierung
- Erstellung von Archivierungsstrategien und Projektplänen
- Best-Practice-Ansatz im Archivierungsprozess
- Zukunft der SAP-Datenarchivierung und neue Technologien

https://es-tu.de/QpEu1

Manfred Sprenger:

Praxishandbuch SAP®-Basis – Troubleshooting in der Systemadministration

- Technisches Hintergrundwissen zur Fehleranalyse verständlich erklärt
- Werkzeuge für die Bestimmung von Fehlerursachen
- Tipps für die zukünftige Fehlervermeidung
- Best-Practice-Vorgehensweise anhand von Praxisbeispielen

http://5417.espresso-tutorials.de